"十四五"职业教育国家规划教材

图形图像处理
（CorelDRAW 2021）
（第 2 版）

包之明◎主　编
曾家盛　官彬彬◎副主编

电子工业出版社
Publishing House of Electronics Industry
北京·BEIJING

内 容 简 介

本书根据教育部教学标准的相关教学内容和要求编写而成。编者在对平面设计工作进行充分调研与分析的基础上，综合行业、企业专家意见，将工作项目及任务引入教材编写中，力求理论与实践相结合。本书遵循读者知识与能力的形成规律，由浅至深设计了 11 个项目，充分考虑了读者新旧知识与技能的衔接，通过项目导读、学习目标、项目任务、知识技能、项目实施、项目总结、拓展练习等板块，在"做"中学习 CorelDRAW 的平面设计和制作技术，有利于读者举一反三、融会贯通，从而提高专业技能与职业素养。

本书可作为职业院校计算机应用技术、视觉传达、计算机平面设计等专业的教学用书，也可作为社会培训学校、中高职院校的教学用书，还可作为平面设计人员的自学用书，以及供广大平面设计爱好者参考。

未经许可，不得以任何方式复制或抄袭本书之部分或全部内容。
版权所有，侵权必究。

图书在版编目（CIP）数据

图形图像处理：CorelDRAW 2021 / 包之明主编. —2 版. —北京：电子工业出版社，2023.9 (2025.8 重印)
ISBN 978-7-121-46466-9

Ⅰ．①图… Ⅱ．①包… Ⅲ．①图形软件－职业教育－教材 Ⅳ．①TP391.412

中国国家版本馆 CIP 数据核字（2023）第 185826 号

责任编辑：郑小燕　　　　　　　特约编辑：田学清
印　　刷：北京缤索印刷有限公司
装　　订：北京缤索印刷有限公司
出版发行：电子工业出版社
　　　　　北京市海淀区万寿路 173 信箱　　邮编：100036
开　　本：880×1230　1/16　　印张：12.5　　字数：378 千字
版　　次：2018 年 4 月第 1 版
　　　　　2023 年 9 月第 2 版
印　　次：2025 年 8 月第 5 次印刷
定　　价：49.80 元

凡所购买电子工业出版社图书有缺损问题，请向购买书店调换。若书店售缺，请与本社发行部联系，联系及邮购电话：（010）88254888，88258888。
质量投诉请发邮件至 zlts@phei.com.cn，盗版侵权举报请发邮件至 dbqq@phei.com.cn。
本书咨询联系方式：（010）88254550，zhengxy@phei.com.cn。

PREFACE 前言

本书全面贯彻党的二十大精神，落实立德树人根本任务，践行社会主义核心价值观铸魂育人，坚定理想信念、政治认同、家国情怀、四个自信，为中国式现代化全面推进中华民族伟大复兴而培育技能型人才。

CorelDRAW 是由 Corel 公司推出的一款集矢量图形绘制、版面设计、位图编辑等功能于一体的图形设计应用软件，在平面广告设计、产品包装设计、企业形象设计等多个领域发挥着重要作用。CorelDRAW 基本技能操作及应用是计算机平面设计专业的核心课程，是平面设计人员、广告设计人员必须掌握的职业技能。

编者根据教育部公布的教学标准，在对平面设计工作进行充分调研与分析的基础上，综合行业、企业专家意见，为进一步促进数字经济和实体经济深度融合，对接文化产业、平面设计行业数字化转型后的岗位能力需求变化，对接岗位的职业技能，基于工作过程系统化地设计了 11 个项目。本书以代表性工作任务为载体，遵循循序渐进、衔接合理、层次分明、理实一体等编写原则，设计与选取了 33 个工作任务和 33 个拓展练习，配套教学微课 32 个。编写体例由项目导读、学习目标、项目任务、知识技能、项目实施、项目总结、拓展练习等板块组成。

本书坚持问题导向、系统化设计与实施，以满足教育数字化转型和读者职业能力与创新能力培养的需求。在进行工作任务教学化处理时，选取了标志、卡片、海报、画册、POP 广告、台历、书籍装帧、包装设计与制作、VI 等代表性工作任务。同时将思政教育有机融合于专业教学中，如通过项目导读、任务分析培养读者的法治与安全意识、环境保护意识、守正创新精神、科学思维等素养；通过项目实施与拓展练习弘扬劳动光荣与工匠精神，培养读者的合作与创新意识和能力，突出职业教育特点，有利于读者举一反三、融会贯通、拓宽思路，从而提高专业技能与职业素养。

本书的特点与亮点：一是立德树人，注重职业教育素养培养，突出职业教育特色，体现中华优秀传统文化及现代艺术文化相融合，弘扬劳动光荣与工匠精神；二是根据教育部教学标准的相关教学内容和要求来编写，结合企业需求，考虑了中、高职的知识与技能衔接；三是以工作过程为导向，模块化地整合知识与能力，以工作任务为载体，实现企业岗位情境和教学内容的融合，提升读者的专业技能和职业素养；四是以项目教学和任务案例为主线，降低理论难度，具有较强的实用性，有利于读者融会贯通。

本书理论与实训共需 78 学时，拓展练习需 30 学时。具体学时分配详见授课学时分配建议表。

授课学时分配建议表

序 号	课 程 内 容	理 论 学 时	实 训 学 时	理论+实训学时数	拓展练习学时数
1	CorelDRAW 2021 基础——相册制作	2	1	3	1
2	图形绘制——标志制作	2	3	5	2
3	图形编辑——卡片制作	3	3	6	2
4	图形修饰——海报制作	3	3	6	3
5	矢量图形效果——POP 广告制作	3	3	6	3
6	矢量图形效果——艺术字及台历制作	3	3	6	3
7	图文混排——画册制作	4	4	8	3
8	位图应用——装帧设计与制作	4	4	8	2
9	综合应用 1——户外广告设计与制作	2	4	6	3
10	综合应用 2——包装设计与制作	4	8	12	3
11	综合应用 3——VI 系统设计与制作	4	8	12	5
	合计			78	30

本书配有免费的多媒体课件、素材、源文件、教学视频等资源，请读者前往华信教育资源网注册后免费下载，同时请读者扫描书中的二维码观看相关教学视频。

本书由包之明（广西机电职业技术学院）担任主编，曾家盛（广西移动通信有限公司贵港分公司）、官彬彬（广西二轻工业管理学校）担任副主编。具体分工如下：项目 1、项目 2、项目 3、项目 4、项目 7、项目 8 由包之明负责编写，项目 5、项目 6 由官彬彬负责编写，项目 9、项目 10、项目 11 由曾家盛负责编写。感谢广西卡斯特动漫有限公司的设计师提出宝贵的建议。

由于编者水平有限，书中难免存在不妥和疏漏之处，恳请广大读者批评指正。读者若在学习过程中发现书中有不妥之处或有更好的建议，欢迎发送邮件至 529949503@qq.com 与编者联系。

编 者

■ CONTENTS

项目 1 CorelDRAW 2021 基础——相册制作 1

    1.1 图形图像基础知识 2

    1.2 CorelDRAW 2021 的启动与退出 3

    1.3 CorelDRAW 2021 的工作界面 4

    1.4 CorelDRAW 2021 的文件操作 5

    1.5 页面版式设置 6

    1.6 "选择"工具 9

    1.7 视图模式 10

    任务 1   制作相册封面 10

    任务 2   制作相册内页 13

项目 2 图形绘制——标志制作 16

    2.1 基础图形绘制 17

    2.2 曲线绘制 19

    2.3 曲线编辑 20

    2.4 调色板的应用 23

    任务 1   制作禁止使用手机标志 23

    任务 2   制作无障碍公共设施标志 25

    任务 3   制作星星科技公司标志 27

    任务 4   制作教育服务有限公司标志 28

项目 3　图形编辑——卡片制作 32

3.1　对象基础操作 33
3.2　"交互式填充"工具 36
3.3　图框精确裁剪 37
3.4　美术字编辑 37
任务 1　制作工作证 38
任务 2　制作名片 41
任务 3　制作 VIP 卡 44
任务 4　制作商品吊牌 47

项目 4　图形修饰——海报制作 53

4.1　颜色智能填充与网状填充 54
4.2　对象变换 55
4.3　"艺术笔"工具 56
4.4　"轮廓笔"工具 57
任务 1　制作教师节宣传海报 58
任务 2　制作活动宣传海报 61
任务 3　制作旅游促销海报 64

项目 5　矢量图形效果——POP 广告制作 70

5.1　"封套"工具 71
5.2　"轮廓图"工具 72
5.3　"立体化"工具 73
5.4　透视效果 75
任务 1　制作悬挂式 POP 广告 76

任务 2　制作柜台式 POP 广告 78

　　任务 3　制作吊旗式 POP 广告 83

项目 6　矢量图形效果——艺术字及台历制作 87

　　6.1　"阴影"工具 88

　　6.2　"变形"工具 89

　　6.3　"混合"("调和")工具 90

　　6.4　"透明度"工具 92

　　6.5　"块阴影"工具 93

　　任务 1　制作艺术字 94

　　任务 2　制作台历封面 96

　　任务 3　制作台历内页 99

项目 7　图文混排——画册制作 103

　　7.1　文本编辑 104

　　7.2　表格制作 108

　　7.3　"连接器"工具 108

　　7.4　位图操作 109

　　任务 1　制作儿童作品画册封面 111

　　任务 2　制作宣传画册内页 116

　　任务 3　制作摄影作品集 119

项目 8　位图应用——装帧设计与制作 127

　　8.1　位图色彩调整 128

　　8.2　位图滤镜效果 131

任务 1　制作儿童书籍封面 137

　　任务 2　制作汽车杂志目录 141

项目 9　综合应用 1——户外广告设计与制作 146

　　任务 1　制作公益宣传户外广告 147

　　任务 2　制作汽车展销会展板 150

　　任务 3　制作 X 展架 154

项目 10　综合应用 2——包装设计与制作 158

　　任务 1　制作牛奶屋顶盒包装 159

　　任务 2　制作易拉罐包装 162

　　任务 3　制作手提袋包装 166

　　任务 4　制作化妆品盒包装 170

项目 11　综合应用 3——VI 系统设计与制作 176

　　任务 1　制作 VI 基础部分 178

　　任务 2　制作 VI 应用部分 182

项目 1

CorelDRAW 2021 基础
——相册制作

项目导读

  CorelDRAW 是由 Corel 公司推出的一款集矢量图形绘制、版式设计、排版印刷等多种功能于一身的图形图像处理软件,是广大平面设计人员经常使用的平面设计软件之一。CorelDRAW 2021 在阴影绘制、渐进式图像编辑、替换颜色工具、文件兼容性等方面增强了相应的功能和效果。本项目通过制作简单而美丽的相册,在"做"中学习图形图像基础知识、CorelDRAW 基础操作等知识与操作技能,为今后的学习打下坚实的基础。本项目的重点是 CorelDRAW 基础操作方法及其应用,难点是灵活运用知识与技能完成相册的制作。

  相册的意义在于将生活、旅游、成长中的美好瞬间定格。因此,我们按照类型制作出电子相册或打印出纸质相册,是一项有利于发现生活中的美、体验生命的价值、提升审美能力的活动。

学习目标

- 了解图形图像基础知识。
- 掌握 CorelDRAW 的基础操作。
- 能制作简单的电子相册。
- 培养从生活中发现美、创造美的能力。

项目任务

- 制作相册封面。
- 制作相册内页。

知识技能

 **1.1 图形图像基础知识**

1. 颜色模式

颜色模式是数字世界中表示颜色的一种算法，它定义了图像的色彩特征，用于显示和打印图像的颜色类型，决定了如何描述和重现图像的色彩。常见的颜色模式有 RGB 模式、CMYK 模式、HSB 模式、黑白模式、灰度模式等。

1）RGB 模式

RGB 模式是设计工作中常用的一种颜色模式，由 R（Red，红色）、G（Green，绿色）、B（Blue，蓝色）3 种色光相叠加形成更多的颜色，是一种加色的颜色模式，可描述约 1678 万种颜色。在 RGB 模式的图像中，每个像素有 3 条色彩信息通道，每条通道包括 0～255 级色彩信息，数值越大，颜色越浅；数值越小，颜色越深。

2）CMYK 模式

CMYK 模式的颜色也称印刷色，由 C（Cyan，青色）、M（Magenta，洋红色）、Y（Yellow，黄色）和 B（Black，黑色）4 种色光以百分比（0%～100%）的形式描述，百分比越高，颜色越暗。

3）HSB 模式

HSB 模式是一种最直观的颜色模式，由 3 种特性——色相（Hue）、饱和度（Saturation）和亮度（Brightness）来描绘色彩。色相是组成可见光谱的单色，即颜色的名称；饱和度代表色彩的纯度，值为 0～100（0 为灰色，100 为完全饱和）；亮度代表色彩的明亮程度，值为 0～100（从黑色到白色）。

4）黑白模式

黑白模式只用黑色和白色两种色彩表示像素。

5）灰度模式

灰度模式一般只用于灰度和黑白色中。在灰度模式中，只有亮度是唯一能够影响灰度图像的因素。灰度模式由 256 个灰阶组成，即从亮度 0（黑色）到 255（白色）。

在 CorelDRAW 2021 的编辑状态下，改变位图颜色模式的具体操作为：①使用"选择"工具选择位图；②执行"位图"→"模式"命令；③打开"模式"子菜单，选择相应的模式效果。

2. 位图

位图是由称作"像素"的单个点构成的图形，由"像素"的位置与颜色值表示。扩大位图尺寸的效果是增大单个像素，从而使线条和形状显得参差不齐，颜色有失真的感觉。位图图像的质量取决于分辨率的设置，通常分辨率设置得越高，图像质量越好。

3. 矢量图

矢量图适用于文字设计、图案设计、标志设计和计算机辅助设计等。矢量图又称向量图，也称面向对象的图像或绘图图像，可以任意放大或缩小，显示效果与分辨率无关，不会影响图像的质量。

4. 图像文件格式

常用的图像文件格式有很多，在这里只介绍 CDR、JPEG、BMP、PNG、AI 格式。

（1）CDR 格式：CDR 文件是由 CorelDRAW 编辑后生成的文件，此格式是能使用 CorelDRAW 编辑的文件格式。

（2）JPEG 格式：JPEG 文件的扩展名也可以是 .jpg，主要用于压缩图像，占用最少的磁盘空间存储较高的图像质量，但在印刷图像时不宜采用此格式。

（3）BMP 格式：此格式是 Windows 操作系统中的标准图像文件格式，支持 RGB、索引、灰度和黑白颜色模式。其特点是包含的图像信息较丰富，几乎不压缩，占用磁盘空间大。

（4）PNG 格式：此格式是一种无损压缩的图片格式，有 8 位、24 位、32 位 3 种形式。其中，8 位 PNG 格式支持两种不同的透明形式（索引透明和 Alpha 透明）；24 位 PNG 格式不支持透明；32 位 PNG 格式在 24 位的基础上增加了 8 位透明通道（32-24=8），因此可展现 256 级透明程度。

（5）AI 格式：AI 文件是由 Adobe Illustrator 编辑后生成的文件，此格式是一种矢量图形文件格式。在进行排版和打印时，常要求把 AI 格式的文件转换为 CDR 格式。CorelDRAW 2021 能打开 AI 文件，通过"另存为"命令可以设置为 CDR 格式，从而实现由 AI 格式到 CDR 格式的转换。

1.2 CorelDRAW 2021 的启动与退出

1. 启动 CorelDRAW 2021

启动 CorelDRAW 2021 的常用方法有以下 3 种。

（1）由"开始"按钮启动。单击 Windows 任务栏左侧的"开始"按钮，在弹出的菜单中执行"所有程序"→"CorelDRAW Graphics Suite 2021"→"CorelDRAW 2021"命令，即可启动 CorelDRAW 2021。

（2）由"快捷方式"启动。双击 CorelDRAW 2021 的桌面快捷图标，即可启动 CorelDRAW 2021。此时进入 CorelDRAW 2021 的初始化界面，待其消失后，进入 CorelDRAW 2021 的欢迎界面。查看导览，可以了解 CorelDRAW 2021 的新增功能、学习工具等内容。可以通过单击"新文档"按钮，在弹出的对话框中设置页面大小、分辨率等参数，创建新文档，如图 1-1 所示。也可以通过单击"从模板新建"按钮，在弹出的对话框中选择一种模板，创建新文档，如图 1-2 所示。

（3）由"图形文件"启动。双击 CorelDRAW 2021 的可编辑文件，即可启动 CorelDRAW 2021 并打开图形文件。

2. 退出 CorelDRAW 2021

退出 CorelDRAW 2021 的常用方法有以下两种。

（1）由菜单退出。执行"文件"→"关闭"或"文件"→"全部关闭"命令，即可退出 CorelDRAW 2021。

（2）由"关闭"按钮退出。单击标题栏右侧的"关闭"按钮，即可退出 CorelDRAW 2021。如果正在编辑的图形文件没有存盘，那么系统将弹出保存文件提示框，可以选择是否保存文件，如图 1-3 所示。

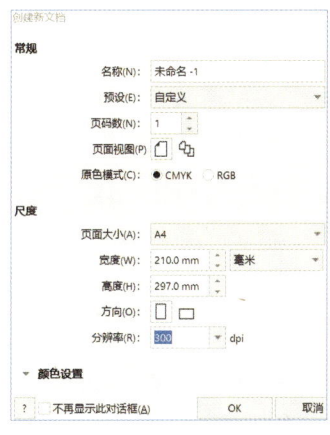

图 1-1　"创建新文档"对话框

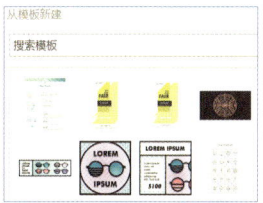

图 1-2　"从模板新建"对话框

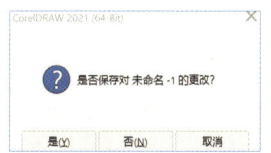

图 1-3　保存文件提示框

1.3 CorelDRAW 2021 的工作界面

CorelDRAW 2021 的工作界面主要由标题栏、菜单栏、标准工具栏、工具箱、属性栏、绘图区、页面控制栏等部分组成，如图 1-4 所示。

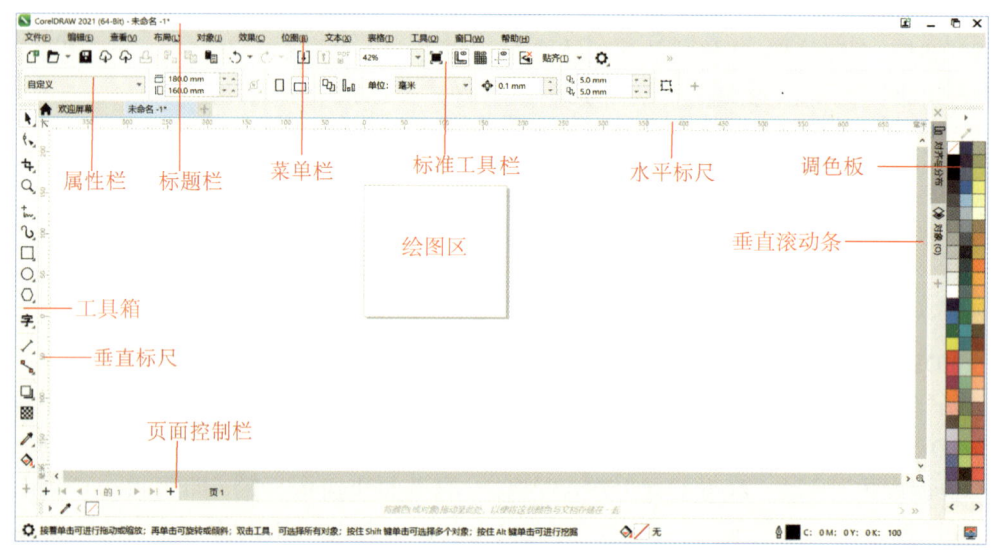

图 1-4　CorelDRAW 2021 的工作界面

1．标题栏

标题栏默认位于工作界面的顶端，左侧显示 CorelDRAW 的版本号和正在绘制的图形文件名，右侧有"最小化"、"最大化"、"关闭" 3 个按钮和一个登录状态标识。

2．菜单栏

菜单栏中有 12 个菜单项，如图 1-5 所示，选择某菜单项，可在其下拉菜单中执行相关命令。

图 1-5　菜单栏

3．标准工具栏

标准工具栏中提供了用户经常使用的一些操作按钮，如图 1-6 所示，单击某个按钮，即可执行相应的命令。将鼠标指针移动到某个按钮上，系统将自动显示该按钮相应的注释文字和快捷键。

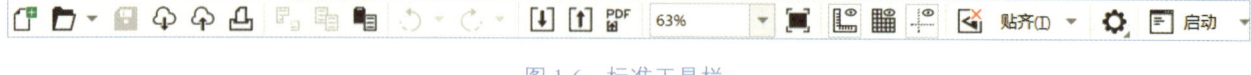

图 1-6　标准工具栏

4．工具箱

工具箱中放置了各种绘制和编辑矢量图形的工具，以及制作矢量图形特殊效果的工具。在一些工具按钮的右下角有折叠按钮，表示其中有一组工具，单击折叠按钮即可弹出该组工具。

5. 属性栏

属性栏中提供了绘制图形或控制对象属性的信息选项，所表示的内容会根据所选的对象或当前选择工具的不同而变化。在无选择对象时，属性栏中显示当前页面的纸张类型、尺寸、方向、微调偏移量和再制距离等信息，如图1-7所示。

图 1-7　属性栏

6. 绘图区

绘图区是进行绘图、编辑操作的工作区域，位于工作界面的中央，可以将该区域内的图形对象打印出来。

7. 页面控制栏

CorelDRAW 2021 具有处理多页面文件的功能，可以在一个文件内创建多个页面。页面控制栏位于工作界面的左下角，如图1-8所示。在页面标签上用鼠标右键单击其折叠按钮，在弹出的快捷菜单中可以对页面执行插入、再制、删除、重命名等操作，如图1-9所示。

图 1-8　页面控制栏　　　　　　　图 1-9　页面制作菜单

1.4　CorelDRAW 2021 的文件操作

1. 新建文件

新建文件的常用方法有以下 3 种。

（1）从欢迎界面处新建文件。启动 CorelDRAW 2021，在欢迎界面中单击"新文档"按钮，可以新建文件，CorelDRAW 2021 自动将其命名为"未命名 1.cdr"。

（2）从菜单栏处新建文件。执行"文件"→"新建"命令或按快捷键"Ctrl+N"，可以新建文件。

（3）从标准工具栏处新建文件。单击标准工具栏中的"新建"按钮，可以新建文件。

2. 打开文件

打开文件的常用方法有以下两种。

（1）从菜单栏处打开文件。执行"文件"→"打开"命令或按快捷键"Ctrl+O"，即可在弹出的"打开绘图"对话框中打开文件。

（2）从标准工具栏处打开文件。单击标准工具栏中的"打开"按钮，同样可以在弹出的"打开绘图"对话框中打开文件。

3. 保存文件

执行"文件"→"保存"命令或按快捷键"Ctrl+S",或者单击标准工具栏中的"保存"按钮,均可保存文件。

4. 关闭文件

执行"文件"→"关闭"命令,或者单击标题栏右侧的"关闭"按钮×,均可关闭文件。

5. 导入文件

执行"文件"→"导入"命令或按快捷键"Ctrl+I",或者单击标准工具栏中的"导入"按钮,在弹出的"导入"对话框中选择要导入的文件,单击"导入"按钮,此时光标变为如图1-10所示的形状,如果直接单击页面,则可按原尺寸导入文件;如果按住鼠标左键并拖动虚线框,如图1-11所示,则可按虚线框的大小导入文件。

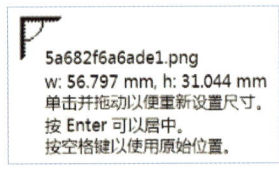

图1-10 按原尺寸导入文件

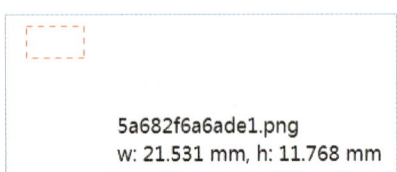

图1-11 按虚线框的大小导入文件

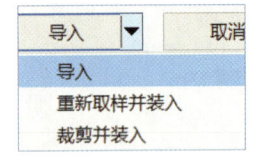

图1-12 设置"导入"方式

在"导入"对话框的"导入"下拉列表中,可以选择3种不同的方式导入文件,如图1-12所示。

(1)"导入"方式:默认选择该选项,将以全图像方式导入文件。

(2)"重新取样并装入"方式:在选择该选项后,弹出"重新取样图像"对话框,设置适当的参数,即可重新取样导入文件。

(3)"裁剪并装入"方式:在选择该选项后,弹出"裁剪图像"对话框,裁剪出需要的图像部分,单击"确定"按钮,即可导入裁剪好的图像。

6. 导出文件

当绘图区中有图形对象时,执行"文件"→"导出"命令或按快捷键"Ctrl+E",或者单击标准工具栏中的"导出"按钮,弹出"导出"对话框,选择导出的文件类型,单击"导出"按钮,即可导出文件。

1.5 页面版式设置

在CorelDRAW 2021中,版面的样式决定了组织文件进行打印的方式,因此,在编辑文件时与打印文件前,需要对页面进行设置。单击"布局"菜单,可以选择与页面相关的操作命令,如图1-13所示。

1. 页面尺寸设置

执行"布局"→"页面大小"命令,弹出选项对话框,可设置页面大小等相关参数,如图1-14所示。

(1)"大小":用于设置所用纸张的尺寸。

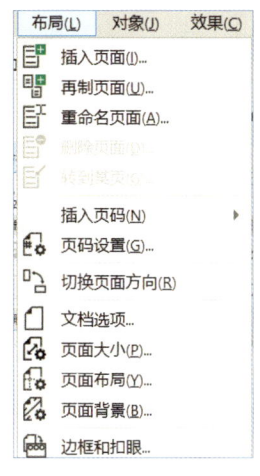

图 1-13 "布局"菜单

图 1-14 页面尺寸设置

（2）"宽度"及"高度"：用于设置纸张的宽度和高度。

（3）方向按钮：用于设置页面的摆放方向，可选择"纵向"或"横向"。

（4）单位下拉列表 毫米：用于设置纸张的尺寸单位。

（5）"添加页框"按钮：用于绘制与页面同等大小的矩形线框。

（6）"渲染分辨率"：用于设置图形文件的分辨率。一般印刷作品设为300dpi，屏幕浏览设为72dpi。

（7）"出血"：用于设置颜色溢出的距离，以防止在裁切时对作品造成破坏。

（8）"保存页面尺寸"按钮：用于保存经过编辑的页面尺寸到"大小"选项中，供后续使用。

（9）"删除页面尺寸"按钮：用于删除"大小"选项中的预设页面尺寸。

2. 页面布局设置

执行"布局"→"页面布局"命令，弹出选项对话框，在右侧显示的"布局"界面中可以选择系统预设布局，如图 1-15 所示。

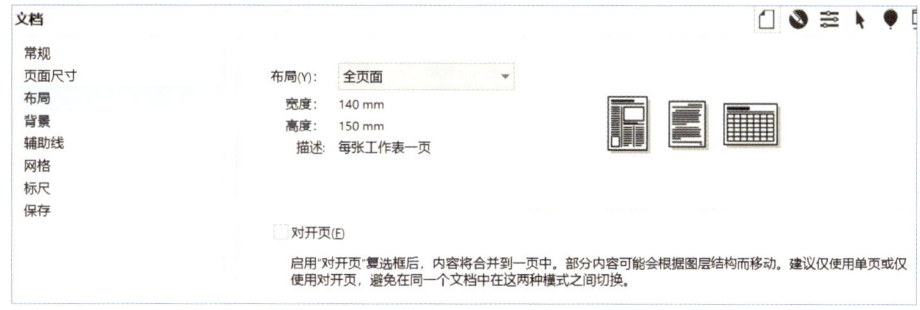

图 1-15 页面布局设置

当使用默认版面样式（全页面）时，文档中的每一页都被认为是单页。当选择多页版面样式（书籍、小册子、帐篷卡、侧折卡、顶折卡和三折式手册）时，页面尺寸将被拆分成两个或多个相等的部分，每一部分都是单独的页。使用单独部分有其优势，用户可以在垂直方向编辑每个页面，并在绘图区中按序号排序，与打印文档要求的版面无关。当准备好打印时，应用程序会自动按打印和装订的要求排列页面。

3. 页面背景设置

执行"布局"→"页面背景"命令，弹出选项对话框，可设置与页面背景相关的参数，如图 1-16 所示。

（1）"背景"：用于设置绘图页面的背景，有"无背景""纯色""位图"之分。

（2）"位图来源类型"：用于设置背景位图的放置方式。一般选择使用"链接"的方式导入位图，这样可以减小文件所占空间。

（3）"位图尺寸"：用于重新设置导入的位图尺寸。

图 1-16　页面背景相关参数设置

4. 插入页面、再制页面、重命名页面与删除页面

（1）插入页面。执行"布局"→"插入页面"命令，弹出"插入页面"对话框，如图 1-17 所示。

（2）再制页面。执行"布局"→"再制页面"命令，弹出"再制页面"对话框，如图 1-18 所示。

图 1-17　"插入页面"对话框

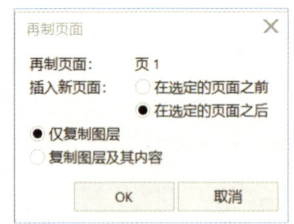

图 1-18　"再制页面"对话框

在"再制页面"对话框的"插入新页面"选项组中，通过选中"在选定的页面之前"或"在选定的页面之后"单选按钮来决定插入新页面的位置；通过选中"仅复制图层"或"复制图层及其内容"单选按钮，可设置再制页面的内容。

（3）重命名页面。选中要重命名的页面，执行"布局"→"重命名页面"命令，弹出"重命名页面"对话框，在"页名"文本框中输入要更改的页面名称，单击"确定"按钮，新的页面名称将会显示在页面指示区中。

（4）删除页面。执行"布局"→"删除页面"命令，弹出"删除页面"对话框，可设置要删除的某一页或所有页面。

5. 转换页面与切换页面方向

（1）转换页面。执行"布局"→"转到某页"命令，在弹出的"转到某页"微调框中设置要定位的页面，单击"确定"按钮，即可转到指定的页面。

（2）切换页面方向。执行"布局"→"切换页面方向"命令，即可在纵向与横向之间进行切换。

6. 设置显示比例

执行"窗口"→"工具栏"→"缩放"命令,弹出"缩放"工具栏,可设置页面的显示比例和缩放页面,如图 1-19 所示。也可以单击页面属性栏"缩放级别"右侧的下拉按钮,弹出的下拉列表如图 1-20 所示,可根据需要选择不同的缩放级别,常用的是"到合适大小"和"到页面"。尤其当使用者因过度放大或移动绘图区而找不到所绘制的图形时,选择这两种缩放级别能快速将绘图区调整到较为合适的大小,从而提高工作效率。

图 1-19 "缩放"工具栏 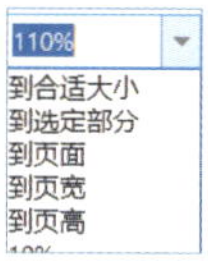   图 1-20 "缩放级别"下拉列表

1.6 "选择"工具

"选择"工具 用于选取对象并执行移动、缩放、旋转、倾斜等操作。

1. 选取对象

(1)选取单个对象。选择"选择"工具 ,单击要选取的对象,当对象周围出现控制点时,如图 1-21 所示,表示对象被选中。

(2)加选和减选对象。如果用户想要一次性选择多个对象,则可以按住"Shift"键,选择"选择"工具 后依次单击需要操作的对象,这种方法叫作加选。如果用户发现在选择的对象中有一个对象不是想要选择的,则可以继续按住"Shift"键,再次单击那个对象,这种方法叫作减选。

(3)框选多个对象。选择"选择"工具 ,按住鼠标左键进行拖动,框选所需对象,此时在需要选取的对象四周将出现虚线框,释放鼠标左键后,被选中对象四周将出现 8 个控制点(框选的方式只能选择被完全包围起来的对象),如图 1-22 所示。双击"选择"工具,可以选择页面内所有的对象。

图 1-21 选取单个对象   图 1-22 框选多个对象

2. 移动对象

在选择对象后,将鼠标指针移动到对象内,当其变为 ✤ 形状时,按住鼠标左键,将对象拖动到合适的位置,再释放鼠标左键即可。

3. 缩放对象

在选择对象后,该对象周围会出现控制点,将鼠标指针移动到任意控制点上,按住鼠标左键进行拖动,即可缩放对象,如图 1-23 所示。如果想等比例缩放对象,则需要对 4 个对角控制点进行操作。

图 1-23 缩放对象

4. 旋转对象

双击对象，此时中心点变为 ⊙ 形状，对象四周出现旋转控制柄，将鼠标指针指向旋转控制柄，按住鼠标左键进行拖动，将以旋转中心为定点旋转对象，如图 1-24 所示。

5. 倾斜对象

在双击对象后，对象四边中间出现倾斜控制柄 ↔ 或 ↕，将鼠标指针指向倾斜控制柄，鼠标指针将变为 ⇌ 形状，按住鼠标左键进行拖动，可以改变对象的倾斜度，如图 1-25 所示。在拖动对象时，按住"Shift"键，可以使对象只在水平或垂直方向上移动。

图 1-24　旋转对象

图 1-25　倾斜对象

1.7　视图模式

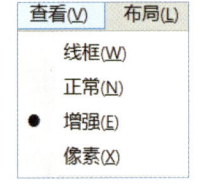

图 1-26　视图模式设置

为了方便用户查看编辑细节或观察整体设计效果，CorelDRAW 2021 提供了多种视图模式，选择不同的视图模式会影响图像的显示速度和显示质量，显示质量越高，显示速度就越慢。单击"查看"菜单，选择一种视图模式，如图 1-26 所示，即可设置图像的预览效果。

（1）线框：在简单的线框模式下显示绘图及中间调和形状，显示效果如"简单线框"。

（2）正常：在显示图形时不显示 PostScript 填充或高分辨率位图。此模式的打开和刷新速度比"增强"模式的打开和刷新速度要快。

（3）增强：增强视图可以使轮廓形状和文字的显示更加柔和，消除了锯齿边缘。

（4）像素：显示基于像素的图形，允许用户放大对象的某个区域来更准确地确定其位置和大小。该视图模式允许查看导出为位图文件格式的图形。

任务 1　制作相册封面

任务展示

教学视频

任务分析

普通的相册已经让人审美疲劳了，人们想把那些旅行、聚会时的珍贵照片设计并制作成独具风格的相册，冲印成册，闲来无事拿出来翻翻，快乐无以言表。这也是一项"寻美、审美、悟美"，体会生命价值的活动。读者可以使用 CorelDRAW 导入相册模板、照片、图片，制作出更有艺术感的作品。

通过完成本任务，读者能正确启动 CorelDRAW 2021，认识其工作界面；导入图片，裁剪素材；使用"选择"工具调整图形，设置多个图形的叠放顺序；保存可编辑的 CDR 格式文件。

任务实施

（1）双击 CorelDRAW 2021 的桌面快捷图标，启动 CorelDRAW 2021。单击标准工具栏中的"新建"按钮，在弹出的"创建新文档"对话框中设置纸张宽度为 203.2mm、高度为 152.4mm，如图 1-27 所示。在属性栏中设置纸张方向为横向。

（2）执行"文件"→"导入"命令或按快捷键"Ctrl+I"，弹出"导入"对话框，选择正确的文件保存路径，选择素材文件"封面背景.png"，单击"导入"按钮，如图 1-28 所示。单击绘图区中的"封面背景.png"图片，图片将以原尺寸被导入绘图区中。选择"选择"工具，调整图片位置，使其在绘图区中居中。

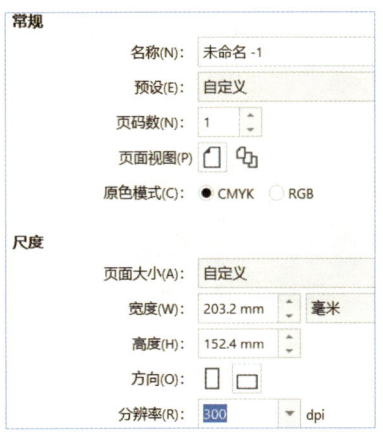

图 1-27　设置纸张大小

图 1-28　导入素材

（3）使用同样的方法导入素材文件"logo.cdr"，使用"选择"工具调整其位置，效果如图 1-29 所示。

（4）单击标准工具栏中的"导入"按钮，弹出"导入"对话框，选择素材文件"1.jpg"，在"导入"下拉列表中选择"裁剪并装入"选项，设置裁剪宽度为 500 像素、高度为 400 像素，如图 1-30 所示。单击"确定"按钮，导入素材效果如图 1-31 所示。

（5）选择"选择"工具，调整"1.jpg"图片到合适位置并单击鼠标右键，在弹出的快捷菜单中选择"顺序"→"到图层后面"命令，使用键盘上的方向键对图片进行微调，完成相册封面的制作，效果如图 1-32 所示。

（6）执行"文件"→"保存"命令或按快捷键"Ctrl+S"，弹出"保存绘图"对话框，选择保存的位置，输入文件名"相册"，保存类型为默认的"CDR-CorelDRAW"，单击"保存"按钮，保存制作的源文件。

（7）执行"文件"→"导出"命令或单击标准工具栏中的"导出"按钮，弹出"导出"对话框，设置图形文件导出的位置，输入文件名"封面"。如果勾选"不显示过滤器对话框"复选框，则不会弹出过滤器对话框，直接保存文件。如果取消勾选该复选框则反之，在过滤器对话框中设置颜色模式，如图 1-33 所示，如果导出的文件用于印刷，则选择颜色模式为"CMYK色（32位）"；如果导出的文件用于在计算机屏幕、手机和网络上传播观看，则选择颜色模式为"RGB 色（24 位）"。单击"OK"按钮，导出文件。

图 1-29　导入素材效果（1）

图 1-30　裁剪参数设置

图 1-31　导入素材效果（2）

图 1-32　相册封面效果

图 1-33　颜色模式设置

项目1 CorelDRAW 2021 基础——相册制作

任务 2 制作相册内页

任务展示

教学视频

任务分析

相册通常由若干页组成，内页图片要与封面的尺寸和风格一致。读者可以使用 CorelDRAW 的版面设置、导入图片等操作，在同一文件的不同页面中制作系列作品页，并导出可以冲印的相册作品。

通过完成本任务，读者能够掌握打开 CDR 文件的操作，能按要求执行新增、重命名页面等操作，并进行导入文件、裁剪图形、使用"选择"工具、导出文件等操作的练习。

任务实施

（1）打开本项目任务 1 中保存的文件。启动 CorelDRAW 2021，执行"文件"→"打开"命令或按快捷键"Ctrl+O"，弹出"打开绘图"对话框，选择文件保存路径，双击"相册.cdr"文件，打开文件。

（2）用鼠标右键单击页面控制栏中的页面名称，在弹出的快捷菜单中选择"重命名页面"命令，将页面重命名为"封面"。

（3）执行"布局"→"插入页面"命令或单击页面控制栏中的"新增页面"按钮 ＋，新增页面，并将其重命名为"内页 1"，效果如图 1-34 所示。

图 1-34 页面重命名

（4）执行"文件"→"导入"命令或按快捷键"Ctrl+I"，弹出"导入"对话框，选择素材文件"内页 1 背景.png"，单击"导入"按钮，调整图片位置，使其在绘图区中居中；使用同样的方法导入素材文件"logo.cdr"，使用"选择"工具 调整其位置，拖动控制点缩放至合适的大小，效果如图 1-35 所示。

（5）单击标准工具栏中的"导入"按钮 或按快捷键"Ctrl+I"，在弹出的"导入"对话框中选择素材文件"6.jpg"，在"导入"下拉列表中选择"裁剪并装入"选项，设置裁剪宽度为 553 像素、高度为 587 像素，如图 1-36 所示，单击"确定"按钮，导入素材。在图片"6.jpg"的属性栏中，设置宽度为 126mm、高度为 152.4mm，使用"选择"工具 调整其位置，效果如图 1-37 所示。

（6）用鼠标右键单击导入的图片，在弹出的快捷菜单中选择"顺序"→"到图层后面"命令或按快捷"Shift+PgDn"，使用键盘上的方向键对图片进行微调，调整效果如图 1-38 所示。

13

图1-35 导入内页背景图

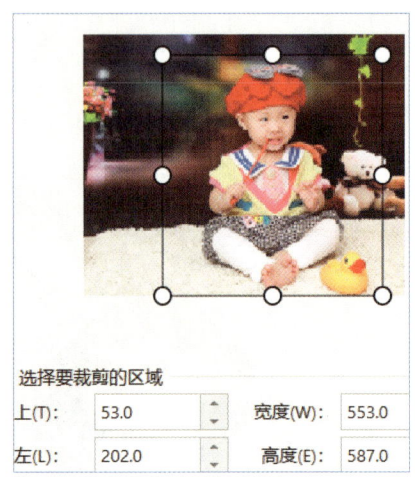

图1-36 图片"6.jpg"裁剪尺寸设置

图1-37 调整图片"6.jpg"的大小与位置

图1-38 将图片"6.jpg"放置到图层后面

（7）按快捷键"Ctrl+I"，在弹出的"导入"对话框中选择素材文件"7.jpg"，在"导入"下拉列表中选择"裁剪并装入"选项，设置裁剪宽度为500像素、高度为600像素，如图1-39所示，单击"确定"按钮，导入素材。使用"选择"工具调整其位置，效果如图1-40所示。

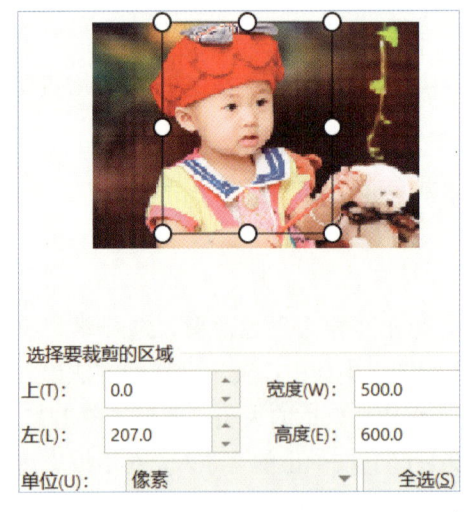

图1-39 图片"7.jpg"裁剪尺寸设置

图1-40 调整图片"7.jpg"的位置

（8）选择"文本"工具**字**，在属性栏中设置字体为"隶书"、字号为18pt，输入文字"丫丫工作室制作"，调整其位置，效果如图1-41所示。

图 1-41　相册内页 1 效果

（9）执行"文件"→"导出"命令或单击标准工具栏中的"导出"按钮，或者按快捷键"Ctrl+E"，弹出"导出"对话框，设置图形文件导出的位置，输入文件名"相册页面 1"，保存类型设置为"JPG-JPEG 位图"。单击"导出"按钮后，在弹出的"导出到 JPEG"对话框中将"颜色模式"设置为"CMYK 色（32 位）"，"质量"设置为"最高"，单击"OK"按钮，导出文件。

（10）执行"文件"→"保存"命令或按快捷键"Ctrl+S"保存文件。

项目总结

本项目介绍了图形图像基础知识和 CorelDRAW 的基础操作，包括 CorelDRAW 的启动与退出、工作界面、文件操作、页面版式设置、"选择"工具、视图模式等内容。熟练地掌握 CorelDRAW 的基础操作，可以为后续的学习打下良好的基础。

读者可以搜集不同区域、不同文化背景的素材，使用本项目讲解的知识与技能，制作出多姿多彩的相册作品。

拓展练习

（1）打开前面制作的任务作品"相册.cdr"，添加页面，利用图片的导入功能，制作如图 1-42 所示的相册内页 2。

图 1-42　相册内页 2 效果

（2）利用给定的素材进行图片合成，设计与制作 10 寸相册（宽度为 25.4cm，高度为 20.3cm）。

（3）CorelDRAW 2021 中打开、新建、保存、导入、导出命令的快捷键分别是什么？

项目 2

图形绘制——标志制作

项目导读

CorelDRAW 2021 提供了基础图形绘制、曲线绘制与编辑、调色板等工具和命令，灵活应用，可以绘制出能正确传达视觉寓意的美观图形。本项目的重点是学习基础图形的绘制和编辑，难点是将复杂的图形解构为简单的基础图形，以及准确地绘制与编辑图形。在生活和工作中，大部分复杂的图形都可以被解构为简单的基础图形，所以我们可以由简到繁，从基础图形画起，通过对基础图形进行编辑或变形，逐步绘制出复杂的图形。

标志（Logo）是表明事物特征的记号。标志通常可以分为图形标志、文字标志、图文组合标志等类型。公共标志是一种为人们的工作、生活带来某种社会利益的符号，能方便人们的出行、交流，其意义和价值不同于企业标志，它是一种非商业行为的符号语言，存在于生活中的各个角落，为人类社会造就了无形价值。

学习目标

- 能绘制、编辑简单的图形和曲线。
- 能使用调色板给图形填充颜色。
- 能分析标志的作用与意义。
- 能制作简单的标志。
- 培养遵守法律法规和养成公共素养的意识。

项目任务

- 制作禁止使用手机标志。
- 制作无障碍公共设施标志。
- 制作星星科技公司标志。
- 制作教育服务有限公司标志。

2.1 基础图形绘制

1. "矩形"工具

选择工具箱中的"矩形"工具  或直接按"F6"键,在绘图区中按住鼠标左键,从起点拖动鼠标至终点,释放鼠标左键,即可绘制矩形、圆角矩形和正方形,其属性栏如图2-1所示,绘制的样图如图2-2所示。

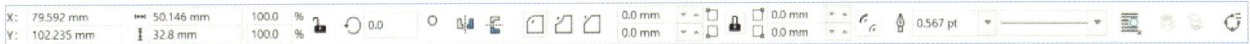

图2-1 "矩形"工具属性栏

属性栏中主要选项的含义如下。

（1）"X"与"Y" ：显示矩形对象在页面中的位置。

（2）"对象大小" ：显示绘制的矩形大小,也可自行输入数值改变矩形的大小。

（3）"缩放因素" ：可按比例同时缩放长和宽,也可单独设置长和宽的缩放比例。

（4）"旋转角度" ：输入小于360°的度数,可按要求进行图形的旋转。

（5）"水平镜像"按钮 ：对绘制的图形进行水平方向翻转。

（6）"垂直镜像"按钮 ：对绘制的图形进行垂直方向翻转。

（7）"边角圆滑度" ：根据数值变换矩形为圆角矩形。

（8）"轮廓宽度" ：在下拉列表中选择或者输入数值,可设置对象的轮廓宽度。

（9）"到图层前面"和"到图层后面"按钮 ：当多个对象重叠时,将选择的对象置于顶层或底层。

（10）"转换为曲线"按钮 ：将矩形的直线转换为曲线后再进行编辑。

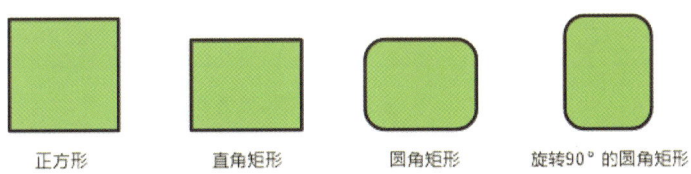

图2-2 矩形样图

2. "3点矩形"工具

选择工具箱中的"3点矩形"工具 ,在绘图区中按住鼠标左键,从起点拖动鼠标至矩形高的终点,释放鼠标左键,再拖动鼠标至矩形宽的终点,即可完成矩形的绘制。

3. "椭圆形"工具

选择工具箱中的"椭圆形"工具 或"3点椭圆形"工具 ,即可绘制椭圆形或正圆形。操作方法如下:选择"椭圆形"工具 或按"F7"键,在绘图区中按住鼠标左键并拖动,即可绘制一个椭圆形或正圆形。在使用"选择"工具 选择图形后，会出现8个黑色小方块，其属性栏如图2-3所示。由于其中的选项大多数与"矩形"工具属性栏中的选项相同，故这里仅对几个不同的选项加以说明。

图2-3 "椭圆形"工具属性栏

（1）"起始和结束角度"：根据设置的数值绘制弧形或饼形。
（2）"顺时针或逆时针"：设置所绘制的弧形或饼形的方向。
（3） 选项分别指绘制正圆形、饼形、弧形，如图2-4所示。

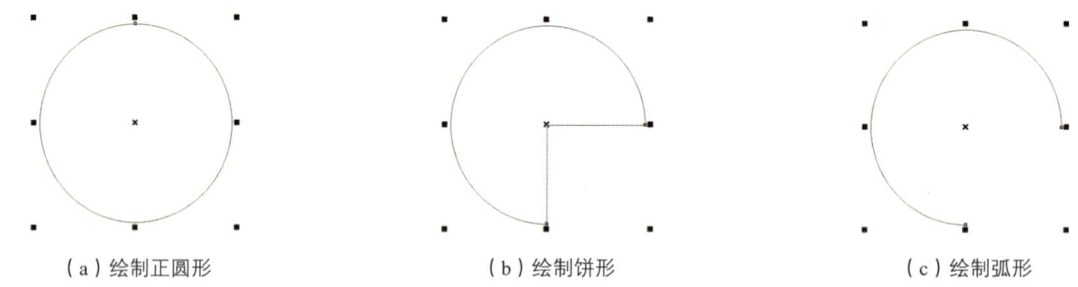

（a）绘制正圆形　　　　　　（b）绘制饼形　　　　　　（c）绘制弧形

图2-4 绘制正圆形、饼形、弧形

4."多边形"工具组

在"多边形"工具组 中有多边形、星形、螺纹、常见的形状、冲击效果工具、图纸等工具，可以绘制多种形状。长按"多边形"工具或单击该工具右侧的折叠按钮，会弹出隐藏的工具，如图2-5所示。

图2-5 "多边形"工具组

（1）"多边形"工具的使用。选择"多边形"工具 ，在其属性栏中可以设置多边形的边数、旋转的角度，如图2-6所示。需要注意的是，多边形、星形和复杂星形的点数或边数要大于3。

图2-6 "多边形"工具属性栏

（2）"常见的形状"工具的使用。该工具提供了多种基本的形状样式，如图2-7所示。

图2-7 常见的形状

（3）"多边形"工具组中其他工具的使用方法。这些工具的使用方法与"多边形"工具的使用方法相似，所绘制的形状样式如图2-8所示。

图2-8 多边形、星形、螺纹、常见的形状、冲击效果、图纸的样式

2.2 曲线绘制

1. "手绘"工具

"手绘"工具用于绘制线条和曲线,绘制过程与素描相似,长按该工具会弹出隐藏的工具,如图2-9所示。其属性栏如图2-10所示。

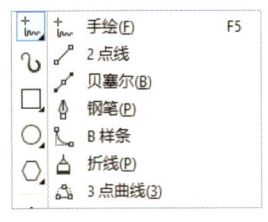

图2-9 "手绘"工具组　　图2-10 "手绘"工具属性栏

操作方法:选择"手绘"工具,单击绘图区中的起点位置,移动鼠标指针到线条终点并单击,可以绘制出一条直线。在绘制曲线时,选择"手绘"工具,在绘图区中拖动鼠标,即可绘制出手绘效果,如果从终点回到起点处,则可以绘制出封闭的图形。如果需要编辑曲线,则可以设置其属性栏中的参数或单击相应的按钮,如单击"闭合曲线"按钮,所选择的曲线将生成闭合的图形。

2. "贝塞尔"工具

"贝塞尔"工具适合绘制精确、平滑的曲线。单击一个节点(也可称为锚点),在添加下一个节点时,软件会自动将两个节点相连成直线;如果在添加下一节点时按住鼠标左键,同时进行拖动,直线就会变成曲线。可通过拖动节点和控制线来调整曲线的弯曲度,如图2-11所示。当起点和终点不重合时,按空格键或双击节点,即可完成开放性曲线的绘制。每次单击后都释放鼠标左键,可以绘制直线。如果绘制的最后一个节点与起点重合,则可以绘制出封闭的图形,只有封闭的图形才能填充颜色,如图2-12所示。

图2-11 两点之间的曲线　　图2-12 绘制封闭的图形并填充颜色

3. "钢笔"工具

使用"钢笔"工具可以随意绘制直线或曲线,其与"贝塞尔"工具的使用方法基本相同。不同之处在于:一是在"钢笔"工具的属性栏中有一个"预览模式"按钮,激活它后,在绘制线条时能预览线条的状态;二是在"钢笔"工具的属性栏中有一个"自动添加/删除节点"按钮,激活它后,在绘制线条时可以

随时添加或删除节点；三是在使用"钢笔"工具绘制图形时，单击第二个节点，拖动鼠标，可以绘制出曲线，如图 2-13 所示，在按住"Alt"键的同时单击节点，可以取消节点的一条控制线，如图 2-14 所示。

图 2-13　绘制曲线　　　　　　　　　　　图 2-14　取消节点的一条控制线

4."2 点线"工具

"2 点线"工具 常用于绘制逐条相连或与图形边缘相连的连接线，然后组合成需要的图形，一般用于绘制流程图、结构示意图等。

（1）绘制直线：单击起点，拖动鼠标到终点，释放鼠标左键，即可绘制一条直线。

（2）绘制折线：单击起点，拖动鼠标至适当位置后释放鼠标左键，即可绘制一条直线，重复操作几次，就可以绘制出折线。

（3）绘制一条与现有的线条或对象垂直的 2 点线：在对象或线的边缘单击并拖动鼠标，绘制出来的总是与对象或线垂直的一条线。

（4）绘制一条与现有的线条或对象相切的 2 点线：在一个对象或线的边缘单击，如图 2-15 所示，拖动鼠标至另一个对象或线的边缘，绘制出来的总是与对象或线相切的一条线，如图 2-16 所示。

图 2-15　识别边缘　　　　　　　　　　　图 2-16　识别切线点

5."3 点曲线"工具

选择"3 点曲线"工具 ，在绘图区中按住鼠标左键不放，在拖动一定距离后，释放鼠标左键，在合适的位置单击，即可绘制出一条曲线。

2.3　曲线编辑

1."形状"工具

选择工具箱中的"形状"工具 ，可以对曲线进行编辑，用鼠标拖动节点可以移动节点位置，拖动节点的控制线可以改变曲线的形态。其属性栏如图 2-17 所示。

图 2-17　"形状"工具属性栏

属性栏中主要选项的含义如下。

（1） 按钮：可以在绘制的图形上添加或删除节点。

(2) 按钮：分别表示连接节点和断开节点。连接节点是指将断开的节点连接成封闭的曲线；断开节点是指将选择的图形在节点处断开。

(3) 按钮：可以将直线转换为曲线或将曲线转换为直线。

(4) 按钮：分别表示尖突节点、平滑节点、对称节点。尖突节点可以使曲线的方向杆分开移动；平滑节点可以使用长短不同但可同时移动的方向杆；对称节点可以使方向杆对称移动且长短一致。

(5) 按钮：选择全部节点。

2. "粗糙笔刷"工具

"粗糙笔刷"工具 是一个基于矢量图形的变形工具，它可以改变矢量图形对象中曲线的平滑度，从而产生粗糙的、锯齿或尖突的边缘变形效果。其属性栏如图 2-18 所示。

图 2-18 "粗糙笔刷"工具属性栏

属性栏中主要选项的含义如下。

(1) "笔尖半径" ：用于设置笔尖半径。

(2) "尖突的频率" ：通过设定固定值，更改粗糙区域中的尖突频率，数值范围为 1～10。

(3) "干燥" ：用于更改粗糙区域中尖突的数量。

(4) "笔倾斜" ：通过为工具设定固定角度，改变粗糙效果的形状。

选择"粗糙笔刷"工具 ，设置笔尖半径为 5.0mm，在直线上拖动鼠标，直线将变成弹簧的效果，如图 2-19 和图 2-20 所示。

图 2-19 直线　　　　　　　　　　图 2-20 使用"粗糙笔刷"工具后的效果

3. "裁剪"工具

单击"裁剪"工具 右下角的折叠按钮或长按"裁剪"工具，会弹出隐藏的工具，如图 2-21 所示。选择"裁剪"工具 ，在选中的图形上拖动鼠标，选定裁剪区域，如图 2-22 所示。单击"裁剪"按钮或按"Enter"键，即可移除选定裁剪区域以外的区域，效果如图 2-23 所示。

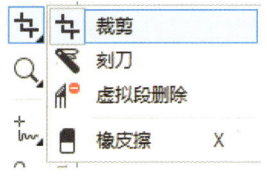  

图 2-21 "裁剪"工具组　　　　图 2-22 选定裁剪区域　　　　图 2-23 裁剪前后效果

4. "刻刀"工具

使用"刻刀"工具 可以将完整的矢量图形分割为多个部分，常根据需要设置为"保留轮廓"和"转换为对象"两种状态。其属性栏从左到右分别是 2 点线模式、手绘模式、贝塞尔模式、剪切时自动闭合、手绘平滑等选项，如图 2-24 所示。先单击"剪切时自动闭合"按钮 ，再单击"2 点线模式"按钮 ，然后单击第一个节点位置，拖动鼠标至合适的位置后，释放鼠标左键，绘制出一条直线，即可把选中的对象剪切成两个闭合的对象，如图 2-25 所示。

图 2-24 "刻刀"工具属性栏

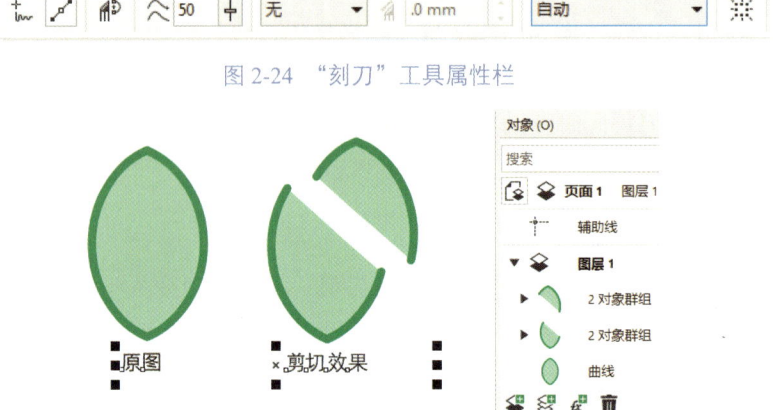

图 2-25 使用"刻刀"工具剪切对象

5. "虚拟段删除"工具

选择"虚拟段删除"工具，先将鼠标指针移动到要删除的线段上，然后单击该线段，即可将其删除。例如，先绘制 3 个同心圆，然后在图形的中间绘制一条直线，接着使用"虚拟段删除"工具分别单击 3 个圆形的下半部分曲线和直线，即可删除不需要的部分，如图 2-26 所示。

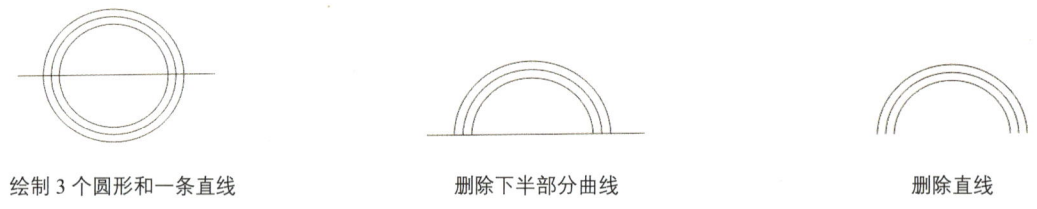

绘制 3 个圆形和一条直线　　　　删除下半部分曲线　　　　删除直线

图 2-26 "虚拟段删除"工具的使用方法

如果要同时删除多条线段，则可先在要删除的所有线段周围拖出一个选取框，然后按住"Ctrl"键将该选取框限制为方形，即可同时删除选择的多条线段。

6. "橡皮擦"工具

使用"橡皮擦"工具可以擦除所选图形的指定位置，其属性栏如图 2-27 所示。

属性栏中主要选项的含义如下。

（1）"圆形或方形"按钮 ○ □：用于设置橡皮擦笔头的形状。

（2）"橡皮擦厚度" ⊖ 1.0 mm：输入橡皮擦笔头的大小数值或者单击文本框右侧的微调按钮，即可调整橡皮擦的厚度。

（3）"笔压"按钮：运用笔压控制笔尖大小。

（4）"减少节点"按钮：用于删除不需要的节点，平滑擦除区域的边缘。

先使用"选择"工具选择需要擦除的对象，然后选择"橡皮擦"工具，在设置属性栏中的参数后，在指定位置拖动鼠标即可将其擦除，效果如图 2-28 所示。

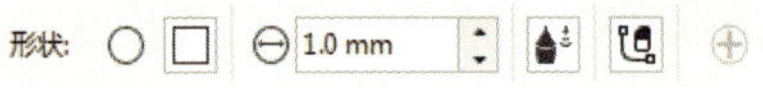

图 2-27 "橡皮擦"工具属性栏　　　　图 2-28 橡皮擦使用前后效果

2.4 调色板的应用

有时候我们打开软件,发现没有调色板,应该怎么做呢?有时候我们需要选用不同的颜色模式,比如印刷用色需要选用 CMYK 模式、网页浏览需要选用 RGB 模式,应该怎么做呢?应用调色板如何给图形填充颜色呢?

1. 设置显示或隐藏调色板

执行"窗口"→"调色板"→"默认 调色板"命令,即可切换显示或隐藏默认调色板。默认的调色板颜色模式是 CMYK 模式。调色板默认位于工作界面的右侧。单击调色板下方的折叠按钮》可以打开隐藏的其他颜色,如图 2-29 所示。

2. 设置调色板的颜色模式

执行"窗口"→"调色板"→"调色板"命令,在弹出的"调色板"泊坞窗中勾选"调色板"复选框,在其中还可以看到调色板库,默认勾选"默认 调色板"复选框,如图 2-30 所示。如果是印刷用色,则勾选"默认 CMYK 调色板"复选框;如果是网页或手机浏览,则勾选"默认 RGB 调色板"复选框。

图 2-29 默认调色板

图 2-30 "调色板"泊坞窗

3. 使用调色板填充颜色

在选择图形对象后,单击调色板上的色块可以设置填充色,用鼠标右键单击色块可以设置轮廓色。单击"取消颜色"按钮⊠,可以取消填充色;用鼠标右键单击"取消颜色"按钮⊠,可以取消轮廓色。

项目实施

任务 1 制作禁止使用手机标志

任务展示

任务分析

禁止使用手机的场所有飞机客舱、课堂、考场、加油站等。在设计此标志时，设计人员选用了红色的禁止图形与黑色、冰蓝色的手机图标，造型简洁，易于识别，颜色对比鲜明，让人印象深刻。

本任务主要使用"矩形"工具、"椭圆形"工具及调色板等来完成。

任务实施

（1）启动 CorelDRAW 2021，单击"新建"按钮新建文档，在属性栏中设置纸张宽度为 100mm、高度为 100mm。

（2）选择"椭圆形"工具或按"F7"键，在按住"Ctrl"键的同时绘制一个直径为 50mm 的正圆形，或设置其属性栏中的宽度、高度均为 50mm，绘制一个直径为 50mm 的正圆形；设置属性栏中的轮廓宽度为 5mm；用鼠标右键单击调色板上的红色色块，设置轮廓色为红色，无填充色，效果如图 2-31 所示。

（3）选择"2 点线"工具，在正圆形中间轮廓线上单击，拖动鼠标到终点，释放鼠标左键，完成垂直直线的绘制；设置属性栏中的轮廓宽度为 5mm；分别单击、用鼠标右键单击调色板上的红色色块，设置填充色和轮廓色均为红色；选择"选择"工具，绘制一个矩形虚线框，将全部图形选中，单击属性栏中的按钮或按快捷键"Ctrl+G"组合对象；设置旋转角度为 45°，效果如图 2-32 所示。

图 2-31　正圆形效果　　　　　　　　　　图 2-32　禁止图形效果

（4）选择"矩形"工具或按"F6"键，单击属性栏中的圆角图标，设置矩形宽度为 20mm、高度为 38mm，圆角半径为 2mm，轮廓宽度为 0.5mm，如图 2-33 所示，在正圆形中间绘制一个圆角矩形。

图 2-33　圆角矩形属性设置

（5）用鼠标右键单击调色板上的黑色色块，设置圆角矩形的轮廓色为黑色，设置填充色为白色；选择"矩形"工具或按"F6"键，绘制一个宽度为 18mm、高度为 30mm、圆角半径为 2mm、轮廓宽度为 0.5mm 的圆角矩形，设置轮廓色为黑色，设置填充色为冰蓝色（C：40；M：0；Y：0；K：0）；执行"对象"→"顺序"命令，可以调整每个图形对象的叠放顺序；选择"选择"工具，调整两个圆角矩形的位置，效果如图 2-34 所示。

（6）按"F6"键，绘制一个宽度为 5mm、高度为 0.6mm、圆角半径为 0.2mm、轮廓宽度为 0.2mm 的圆角矩形；按"F7"键，在按住"Ctrl"键的同时绘制一个宽度、高度均为 3mm 的正圆形；调整所有图形对象的大小、顺序与位置，最终效果如图 2-35 所示。

图 2-34　圆角矩形效果　　　　　　　　　图 2-35　禁止使用手机标志最终效果

（7）执行"文件"→"保存"命令或按快捷键"Ctrl+S"，弹出"保存绘图"对话框，选择保存的位置，输入文件名"禁止使用手机标志"，保存类型为默认的"CDR-CorelDRAW"，单击"保存"按钮，保存制作的源文件。

（8）执行"文件"→"导出"命令或按快捷键"Ctrl+E"，导出 JPG 文件，命名为"禁止使用手机标志.jpg"。

任务 2　制作无障碍公共设施标志

任务展示

任务分析

在公共场所里经常可以见到无障碍公共设施标志，体现出社会对特殊群体的关爱。根据张贴标志的环境，常见的填充颜色有绿色、蓝色、黑色。其造型像一个人坐在轮椅上，形象且易识别。

本任务主要使用"椭圆形"工具、"矩形"工具、"刻刀"工具、组合对象等工具和命令来完成。

任务实施

（1）启动 CorelDRAW 2021，单击"新建"按钮新建文档，在属性栏中设置纸张宽度为 200mm、高度为 200mm。

（2）绘制标志中的人头。选择"椭圆形"工具或按"F7"键，按住"Ctrl"键，绘制一个直径为 13mm 的正圆形。

（3）绘制标志中的身体。选择"矩形"工具或按"F6"键，绘制一个矩形；选择"选择"工具，双击矩形对象，此时中心点变为 ⊙ 形状，对象四周出现旋转控制柄，将鼠标指针指向旋转控制柄，拖动鼠标，将以旋转中心为定点旋转对象，作为人的"上身"部分，效果如图 2-36 所示。使用同样的方法，绘制 4 个矩形，调整位置；选择"选择"工具，框选人的身体部分，按快捷键"Ctrl+G"将其组合成一个对象，完成人的身体部分的绘制，效果如图 2-37 所示。

图 2-36　人的"上身"部分效果

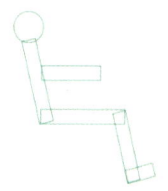
图 2-37　人的身体部分效果

（4）绘制正圆形。选择"椭圆形"工具或按"F7"键，按住"Ctrl"键，绘制一个直径为 50mm 的正圆形。

（5）绘制"轮子"。选择"刻刀"工具，将属性栏中的"轮廓选项"设置为"转换为对象"，单击按钮，将鼠标指针移动至闭合曲线（正圆形）的合适位置处并单击，拖动鼠标到正圆形上的另一点并双击，完成曲线的裁剪。选择"选择"工具，单击被裁剪的图形，将其拖动出来，将正圆形裁剪成两部分，如图2-38所示。按"Delete"键删除被裁剪的图形，设置属性栏中的轮廓宽度为5mm，轮廓色为绿色，效果如图2-39所示。

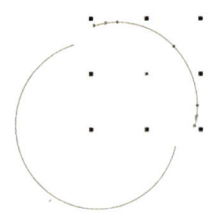
图2-38　将正圆形裁剪成两部分

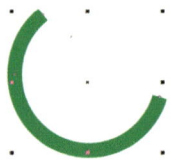
图2-39　轮子效果

小技巧

在裁剪或修改对象时，可以灵活使用"裁剪"工具、"刻刀"工具、"橡皮擦"工具来完成。

（6）调整所有图形的位置。选中所有的图形并单击鼠标右键，在弹出的快捷菜单中选择"组合对象"命令或按快捷键"Ctrl+G"，如图2-40所示，将它们组合成一个对象。单击调色板上的绿色（C：100；M：0；Y：100；K：0）色块，给所有的图形填充绿色，完成标志的制作，最终效果如图2-41所示。

小技巧

当多个图形组成新的对象时，应该将它们组合成一个对象，以简化后续操作，避免因误操作导致图形发生改变。

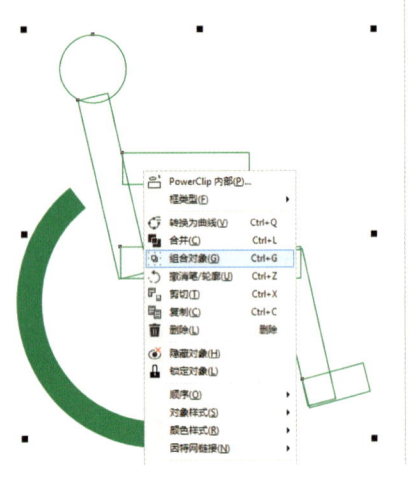
图2-40　选择"组合对象"命令

图2-41　无障碍公共设施标志最终效果

（7）执行"文件"→"保存"命令或按快捷键"Ctrl+S"，弹出"保存绘图"对话框，选择保存的位置，输入文件名"无障碍公共设施标志"，保存类型为默认的"CDR-CorelDRAW"，单击"保存"按钮，保存制作的源文件。

（8）执行"文件"→"导出"命令或按快捷键"Ctrl+E"，导出 JPG 文件，命名为"无障碍公共设施标志.jpg"。

任务3　制作星星科技公司标志

任务展示

任务分析

这是一个图文组合型企业标志，使用天蓝色、白色和星形图形表现企业以科技引领未来、协作奋进的文化及经营理念，简洁大方、动感时尚。

本任务主要使用"星形""椭圆形"等工具来完成，使用"组合对象"命令将所有图形与文字组合成一个对象。

任务实施

（1）双击打开"星星科技公司标志文本素材.cdr"文件，进入 CorelDRAW 2021 的编辑状态。

（2）调整文本大小与位置。双击"选择"工具，选择绘图区中的所有对象，调整其属性栏中的宽度为 140mm、高度为 35mm，效果如图 2-42 所示。

图 2-42　文本素材效果

（3）绘制星形图形。选择"星形"工具，设置边数为 5，对象大小为 26mm，其他参数设置如图 2-43 所示，绘制一个星形图形，设置轮廓色和填充色均为天蓝色（C：100；M：0；Y：0；K：0），效果如图 2-44 所示。

图 2-43　"星形"工具属性栏参数设置

图 2-44　绘制一个星形图形

（4）绘制用于定位的正圆形。按"F7"键，按住"Ctrl"键，绘制一个直径为 100mm 的正圆形。

（5）绘制所有的星形图形。在上面绘制好的星形图形左、右两侧分别绘制一个对象大小为 24mm、轮廓色和填充色均为天蓝色的星形图形，将 3 个星形图形调整到正圆形的相应位置上，效果如图 2-45 所示。使用同样的方法，分别绘制对象大小为 22mm、20mm、18mm、16mm、14mm、12mm、10mm 的星形图形，使用"选择"工具调整星形图形的位置，效果如图 2-46 所示。

小技巧

在设置好一个星形图形的颜色后，选择要复制的对象，按住鼠标左键，将其向右拖动到合适的位置并单击鼠标右键，即可复制对象，然后修改其大小。使用同样的方法能快速制作出一组星形图形。

（6）调整星形图形。选择"选择"工具，拖出一个虚线框，选择所有的星形图形；单击选择的图形，进入图形旋转状态，如图2-47所示。将鼠标指针指向旋转按钮，逆时针拖动所选择的图形进行旋转，效果如图2-48所示。

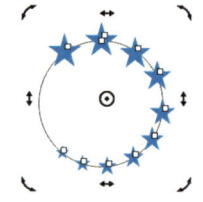

图2-45　绘制3个星形图形　　　　　图2-46　绘制所有的星形图形　　　　图2-47　图形旋转状态

（7）删除用于定位的正圆形。选择"选择"工具，单击正圆形，按"Delete"键将其删除，效果如图2-49所示。

（8）调整文字与星形图形的位置，完成标志的绘制。选择文字部分，将其拖动到合适位置，完成星星科技公司标志的绘制，最终效果如图2-50所示。

图2-48　旋转效果　　　　　　　图2-49　删除用于定位的正圆形　　　图2-50　星星科技公司标志最终效果

（9）选中所有图形与文字并单击鼠标右键，在弹出的快捷菜单中选择"组合对象"命令或按快捷键"Ctrl+G"，将所有图形与文字组合成一个对象，然后执行"对象"→"对齐和分布"→"在页面居中"命令。

（10）执行"文件"→"保存"命令或按快捷键"Ctrl+S"，弹出"保存绘图"对话框，选择保存的位置，输入文件名"星星科技公司标志"，保存类型为默认的"CDR-CorelDRAW"，单击"保存"按钮，保存制作的源文件。

（11）执行"文件"→"导出"命令或按快捷键"Ctrl+E"，导出JPG文件，命名为"星星科技公司标志.jpg"。

任务4　制作教育服务有限公司标志

任务分析

学校、教育机构普遍采用圆形标志。圆形标志有着积极向上、圆润与和谐、有力量、合作共创美好未来的寓意；黑绿色的心理含义是稳重、智慧、安全、成长等；打开的书本代表学习知识与技能；弧形代表互联网+教育和智慧学习；2020代表公司成立的时间。该标志体现了公司的教育定位与理念，有较强的图形识别度，易于识记。

本任务主要使用"椭圆形""矩形""贝塞尔""形状"等工具来完成。

任务实施

（1）双击打开"教育服务公司标志模板.cdr"文件，效果如图2-51所示。

（2）添加辅助线。分别从垂直、水平标尺中间处拖动鼠标，添加辅助线，如图2-52所示。

（3）执行"查看"→"贴齐辅助线"命令。

（4）绘制书本造型图形。选择"矩形"工具 □ 或按"F6"键，绘制矩形，宽度为38mm，高度为40mm；单击属性栏中的"转换为曲线"按钮 ○ 或按快捷键"Ctrl+Q"，将矩形的直线转换为曲线；选择"形状"工具 ↖，框选矩形，单击属性栏中的"转换为曲线"按钮，将鼠标指针移动到矩形上边线处，当鼠标指针呈曲线形状后拖动鼠标，将直线变为向上弯曲的曲线，使用同样的方法处理下边线，效果如图2-53所示。

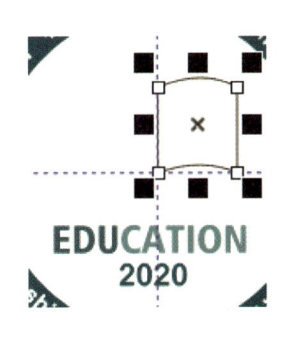

图2-51 标志模板效果　　图2-52 添加辅助线　　图2-53 矩形变形效果

（5）选择矩形，双击工作界面底部的"编辑填充颜色"按钮 ◇/无，在弹出的对话框中单击"均匀填充"图标 ■，选中"调色板"单选按钮，设置CMYK值为（C：91；M：61；Y：60；K：15），如图2-54所示。

（6）选择已填充颜色的矩形，将其拖动到合适的位置后单击鼠标右键，复制一个矩形；单击属性栏中的"水平镜像"按钮 ◨，使用"选择"工具 ▶ 调整其位置，完成书本底页的绘制，效果如图2-55所示。

图2-54 编辑填充颜色　　图2-55 书本底页效果

（7）将已绘制好的左侧矩形原地快速复制一份。单击矩形，填充CMYK值为（C：65；M：31；Y：40；K：0）的颜色；选择"形状"工具 ↖，拖动节点调整位置，拖动控制线调整曲线的形状，效果如图2-56所示。

(8)选择步骤(7)中绘制的矩形,复制一份,单击属性栏中的"水平镜像"按钮,使用"选择"工具调整其位置;为右侧矩形填充 CMYK 值为(C:65;M:31;Y:40;K:0)的颜色,设置轮廓色为白色;选择左侧矩形,在工作界面底部左侧的"调色板"中有刚刚设置的颜色,单击白色色块调整填充色为白色,用鼠标右键单击■色块,设置轮廓色的 CMYK 值为(C:65;M:31;Y:40;K:0),效果如图 2-57 所示。

(9)绘制一组装饰曲线。选择"贝塞尔"工具,在单击第二个节点时拖动鼠标绘制弧线,然后双击该节点,删除一条控制线,效果如图 2-58 所示。使用同样的方法完成一条装饰曲线的绘制,将图形的轮廓色和填充色都设置为绿松石色,效果如图 2-59 所示。使用同样的方法绘制另外 4 条装饰曲线,效果如图 2-60 所示。

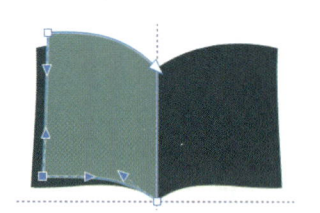

图 2-56 左侧矩形效果　　图 2-57 调整颜色效果　　图 2-58 弧线效果

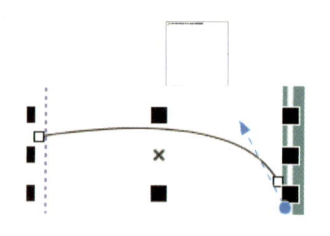

(10)绘制一个正圆形,宽度、高度均为 100mm,填充 CMYK 值为(C:65;M:31;Y:40;K:0)的颜色;单击属性栏中的按钮,将正圆形转换为饼形;使用"形状"工具,调整节点,生成宽度为 90mm、高度为 50mm 的饼形;单击属性栏中的"转换为曲线"按钮,将饼形的直线转换为曲线,效果如图 2-61 所示。

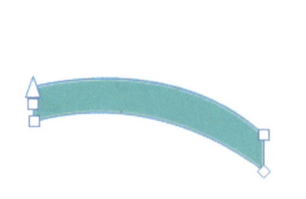

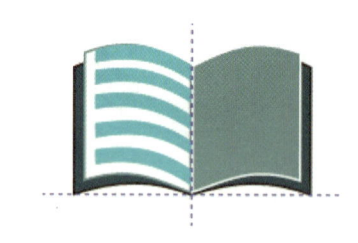

图 2-59 一条装饰曲线效果　　图 2-60 一组装饰曲线效果　　图 2-61 饼形效果

(11)选择"形状"工具,选择饼形底部的节点,单击鼠标右键,在弹出的快捷菜单中选择"删除"命令,删除底部节点后的效果如图 2-62 所示。选择图形的底部直线,单击属性栏中的"转换为曲线"按钮,将其转换为曲线;将鼠标指针移动到该线条上,当鼠标指针呈曲线形状后拖动鼠标调整曲线的形状,效果如图 2-63 所示。

(12)选择"选择"工具,将步骤(11)中绘制的图形移动到绘制好的书本图形下方。调整所有图形的大小和位置。选择辅助线,单击鼠标右键,在弹出的快捷菜单中选择"删除"命令,删除辅助线,最终效果如图 2-64 所示。

图 2-62 删除底部节点后的效果　　图 2-63 弧线效果　　图 2-64 教育服务有限公司标志最终效果

（13）执行"文件"→"保存"命令或按快捷键"Ctrl+S"，保存制作的源文件。执行"文件"→"导出"命令或按快捷键"Ctrl+E"，导出 JPG 文件。

项目总结

本项目学习了 CorelDRAW 中的基础图形绘制、曲线绘制、曲线编辑与调色板的应用等操作，完成了 4 个标志的绘制。在设计标志前，要做好相关调查与分析，明确图形、文字、颜色等所代表的意义和传达的情感。初学者在绘制复杂图形前，要分析与解构其由哪些基础图形组成，从而提升复杂图形的绘制能力。

CorelDRAW 中的基础图形绘制工具有"矩形""椭圆形""多边形"等，能够绘制矩形、圆形、多边形、星形等较为规则且常见的基础图形；曲线绘制工具有"手绘""钢笔""贝塞尔"等，其随意性强，通过练习能绘制出既复杂又精确的曲线图形；配合"形状""裁剪""刻刀"等曲线编辑工具的使用和调色板的应用，能绘制出精美的图形。初学者要有耐心并加强练习，不断提升图形绘制的准确度和速度。

拓展练习

（1）制作禁止吸烟标志，效果如图 2-65 所示。

（2）制作防滑标志，效果如图 2-66 所示。

图 2-65　禁止吸烟标志效果

图 2-66　防滑标志效果

（3）制作中辉健身标志，效果如图 2-67 所示。

图 2-67　中辉健身标志效果

（4）为一所学校（或一家企业）设计并制作标志。

项目 3

图形编辑——卡片制作

项目导读

CorelDRAW 2021 中的图形绘制与编辑功能比较强大，本项目通过制作卡片，学习图形编辑与排版中常用的对象基础操作、交互式填充、图框精确裁剪、美术字编辑等知识与技能，重、难点是图形对象和美术字的编辑，能制作简单的卡片。

卡片的使用场景非常广泛，利用卡片可以很好地整合页面信息、优化信息层次，从而提升用户的信息浏览效率和产品使用体验，是常见的平面设计形式之一。卡片主要包括工作证、名片、VIP 卡、商品吊牌、书签、贺卡等形式。卡片设计的要求主要包括：一是根据具体用途设计版式与色彩，既要体现功能性，又要具有良好的设计感；二是遵守职业规范，保持认真、细致、严谨的工作态度，设置科学合理的卡片尺寸与分辨率数值等参数，满足用户的要求或纸质卡片生产制作的工艺要求。

学习目标

- 能绘制、编辑、管理图形对象。
- 能输入与编辑美术字。
- 能使用图框精确裁剪等工具编辑图形与图像。
- 能分析常见卡片的作用与设计意图。
- 能制作简单的卡片。
- 培养遵守职业规范的意识，以及细致、严谨的学习和工作态度。

项目任务

- 制作工作证。
- 制作名片。
- 制作 VIP 卡。
- 制作商品吊牌。

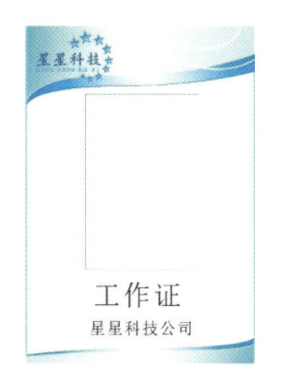

项目3 图形编辑——卡片制作

3.1 对象基础操作

1. 复制对象

先执行"编辑"→"复制"命令，或用鼠标右键单击对象，在弹出的快捷菜单中选择"复制"命令，或单击标准工具栏中的"复制"按钮，或按快捷键"Ctrl+C"，将对象复制到剪贴板中；再执行"编辑"→"粘贴"命令，或用鼠标右键单击空白处，在弹出的快捷菜单中选择"粘贴"命令，或单击标准工具栏中的"粘贴"按钮，或按快捷键"Ctrl+V"，即可粘贴对象。

2. 再制对象

选择对象，按住鼠标左键，将其拖动到合适位置，在不释放鼠标左键的同时单击鼠标右键，或按快捷键"Ctrl+D",或执行"编辑"→"再制"命令,即可再制对象。

3. 复制对象属性

选择对象,执行"编辑"→"复制属性"命令,在弹出的对话框中有轮廓笔、轮廓色、文本属性3项可以选择。

4. 删除对象

选择对象,执行"编辑"→"删除"命令,或按"Delete"键,即可删除对象。如果需要还原删除的对象,则可以执行"编辑"→"撤销"命令。

5. 对象管理器

执行"窗口"→"泊坞窗"→"对象"命令,即可打开"对象"泊坞窗(也称"对象管理器"),如图3-1所示。可在其中执行以下操作。

(1)浏览文档中的各个对象。打开"禁止使用手机标志.cdr"文件,打开对象管理器,在"图层1"下显示的是各对象名称及其排列顺序,如图3-2所示。

图 3-1　对象管理器 　　　　　　　　　　　图 3-2　浏览文档中的各个对象

(2)选择对象。单击对象管理器中的某个对象,出现蓝色矩形底色,同时绘图区中的该对象被选中,并出现控制点,如图3-3所示。

(3)移动对象。单击名为"2 对象群组"的对象,将其拖动到图层底部,即可调整该对象的排列顺序,如图3-4所示。

图 3-3　选择对象 　　　　　　　　　　　图 3-4　移动对象

(4)对象重命名。双击需要重命名的对象名称,输入新的对象名称,然后单击空白处即可。

(5)对象锁定与解锁。在"锁定"状态下不可以修改对象,而在"解锁"状态下可以修改对象。为了防止误操作,可以在对象管理器中单击某个对象右侧的"锁"图标将其锁定,反复单击该图标可以切换对象的锁定与解锁状态。

（6）图层操作。图层用于管理一组对象，相当于文件夹，灵活应用图层可以提高对象的管理效率。图层的常见操作有新建、复制、移动、删除。

6. 对象的对齐和分布

当页面中有多个对象时，往往需要对它们执行对齐和分布操作。在框选多个对象后，执行"对象"→"对齐和分布"命令或按快捷键"Ctrl+Shift+A"，将弹出"对齐与分布"泊坞窗，如图3-5所示。

1）对齐

在执行对齐操作时，要先选择对象，再选择对齐方式。对齐方式通常包括"左对齐""右对齐""顶端对齐""底端对齐""水平居中对齐""垂直居中对齐""在页面居中""在页面水平居中""在页面垂直居中"等。

2）分布

分布是将多个对象按照一定规律分布在页面中。分布命令的执行需要打开"对齐与分布"泊坞窗。

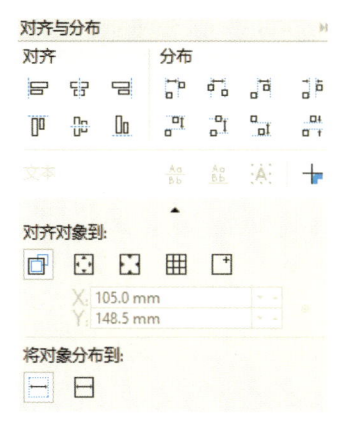

图3-5 "对齐与分布"泊坞窗

7. 对象的造型

对象的造型有合并、修剪、相交、简化、移除后面对象、移除前面对象、创建边界。操作方法是：先使用"选择"工具选择多个对象，再执行"对象"→"造型"命令，或单击属性栏中对应的对象造型按钮。

以下是对"合并""修剪""相交"知识与技能操作的介绍，其他造型的操作与此相似，在此不再一一说明。

1）合并

"合并"是指将选择的多个相互重叠或相互分离的图形合并成一个新的图形。该图形以被合并图形的边界为轮廓，并且所有的线条都将消失，如图3-6所示。

图3-6 合并前后效果

2）修剪

"修剪"是指通过将目标图形覆盖或者将被其他图形覆盖的部分清除来生成新的图形，新图形的属性与目标图形的属性一致。

3）相交

"相交"是指将两个或多个重叠图形的相交部分作为一个新的图形，如图3-7所示。相交有时也可以用于抠图。先使用"钢笔"工具绘制出需要抠出的图形，再选择这两个图形，单击"相交"按钮，删除多余的图形，删除图形的轮廓线，即可完成抠图操作，如图3-8所示。

图 3-7　相交前后效果

图 3-8　抠图前后效果

3.2 "交互式填充"工具

1. "交互式填充"工具的填充样式

"交互式填充"工具 是一种多用途填充工具。选择"交互式填充"工具 ，在属性栏中会显示无填充、均匀填充、渐变填充、向量图样填充、位图图样填充、剖面填充、双色图样填充、底纹填充等填充样式，如图 3-9 所示，填充样式效果示例如图 3-10 所示。

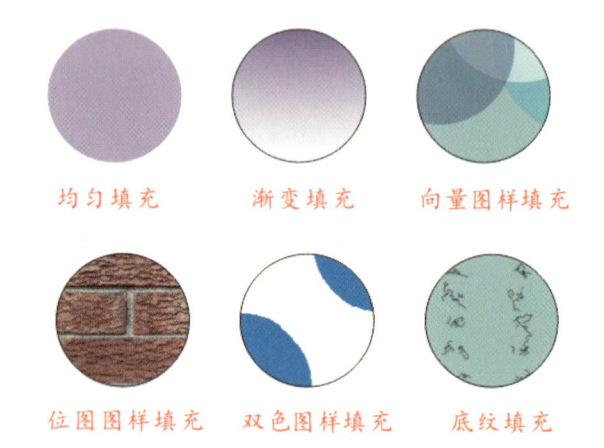

均匀填充　　渐变填充　　向量图样填充

位图图样填充　　双色图样填充　　底纹填充

图 3-9　属性栏中的填充样式　　　　图 3-10　填充样式效果示例

2. 色彩填充

色彩填充分为单色与多色渐变填充，渐变类型分为线性、椭圆形、圆锥形、矩形 4 种，其属性栏如图 3-11 所示。

图 3-11　色彩填充属性栏

以线性渐变填充为例，先选择对象，然后单击"线性渐变填充"按钮，拖出渐变控制线，拖动节点能改变渐变的角度及位置；双击两个小方块中间的虚线部分可以增加节点颜色，再次双击则表示删除；在选择的颜色节点的周围会出现矩形框框住节点，如图 3-12 所示。

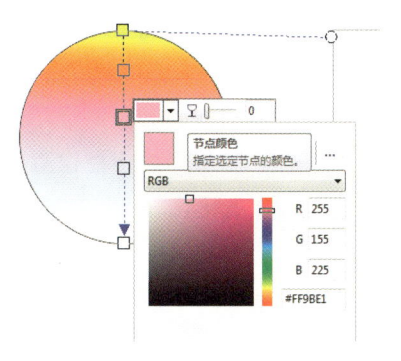

图 3-12　线性渐变填充示例

要想使用不同的颜色填充节点，方法一是直接从调色板中拖动某个色块至节点上；方法二是在颜色查看器中选择颜色；方法三是在颜色编辑窗口中单击颜色吸管 ，然后对屏幕上的任意对象中的颜色进行取样，再填充到节点中。

3.3　图框精确裁剪

图框精确裁剪的作用是将文本或图形放到一个容器中，使图形保持在容器范围内且变为容器的形状。它就像一个蒙版，只有在图框内的内容才能显示出来，而在图框外的内容就看不到了，因此经常用它来进行图形、图像的裁剪或抠图。CorelDRAW X8 之后的版本将"图框精确裁剪"更换为"PowerClip"，位置同样在"对象"菜单中。操作方法如下：

（1）选择图像，执行"对象"→"PowerClip"→"置于图文框内部"命令，当鼠标指针变为 ➡ 形状时，指向图形并单击，即可将选择的图像放入指定的图形内，图形之外的图像即被剪除。

（2）当需要修改裁剪效果时，先选择被裁剪的对象，再执行"对象"→"PowerClip"→"编辑 PowerClip"命令，可以对置入对象进行修改，但修改后需执行"对象"→"PowerClip"→"结束编辑"命令，才能回到绘图区中。也可以使用快捷键"Ctrl+←"，迅速结束图框精确裁剪的编辑状态。

（3）如果图片已经被置入图框中，要想将图片取出来，则只需用鼠标右键单击图片，在弹出的快捷菜单中选择"提取内容"命令即可。在提取内容之后，在容器框中就会出现 X 线，用鼠标右键单击容器框，在弹出的快捷菜单中选择"框类型"→"删除框架"命令就可以删除 X 线。

3.4　美术字编辑

文本包括美术字和段落文本两种类型。本项目仅讲解美术字的主要操作方法，关于其他操作技巧将在后续项目中讲解。

1. 输入美术字

选择"文本"工具 字 或按"F8"键，单击绘图区，输入相应文字，按"Enter"键实现文本换行。

2. 编辑美术字的格式

"文本"工具属性栏如图3-13所示。属性栏中主要选项的含义如下。

（1）B I U：分别用于给文本添加或取消加粗、倾斜、下画线效果。

（2）"文本对齐"：单击"文本对齐"按钮，弹出文本对齐样式列表，如图3-14所示。

（3）"文本编号"：用于设置文本编号。

（4）"文字方向"：分别用于设置文本的横向、竖向显示。

（5）Arial 12pt：分别用于设置字体、字号。另一种设置方法是：选择美术字，拖动控制点，改变美术字的大小，其属性栏中的对应数值也会随之变化。

图3-13 "文本"工具属性栏

图3-14 文本对齐样式列表

3. 调整美术字的行间距和字间距

选择"形状"工具，单击美术字，向下拖动 ≡ 按钮即可增加行间距，向上拖动则效果相反；向右拖动 ⫼ 按钮即可增加字间距，向左拖动则效果相反，如图3-15所示。

图3-15 调整行间距和字间距前后效果

项目实施

任务1 制作工作证

任务展示

任务分析

常见的工作证标准尺寸是 85.5mm×54mm 和 70mm×100mm。本任务制作的工作证成品尺寸是 70mm×100mm，上、下、左、右各加上 2mm 的出血位，尺寸定为 74mm×104mm。该作品采用了蓝色调，亮蓝色、白色给人以富有科技感、柔和清爽、专业的感觉，而简洁、流畅、动感的流线型图形则象征着企业的文化理念是科技引领、自由、奋进。

本任务主要使用复制对象操作、"文本"工具、"形状"工具、"对齐和分布"命令、"交互式填充"工具等工具和命令来完成。

任务实施

（1）启动 CorelDRAW 2021，单击"新建"按钮新建文档，在属性栏中设置纸张宽度为 74mm、高度为 104mm，纸张方向为纵向。

（2）双击"矩形"工具，绘制一个与绘图区一样大小的矩形。将鼠标指针移动到调色板中的青色色块上，单击鼠标右键，为矩形的轮廓填充青色。

（3）选择"贝塞尔"工具，在图形的节点处单击，当绘制图形结束时，双击绘制的第一个节点，完成图形的初稿绘制，如图 3-16 所示。

（4）选择"形状"工具，单击图形下方的线条，单击属性栏中的"转换为曲线"按钮，拖动线条成为曲线，效果如图 3-17 所示。

（5）用鼠标右键单击调色板中的青色色块，设置图形的轮廓色为青色；选择"交互式填充"工具，在属性栏中单击"渐变填充"按钮，拖动滑块，双击控制路径，在中部增加一个滑块，分别单击滑块设置颜色为青色、白色、青色，效果如图 3-18 所示。

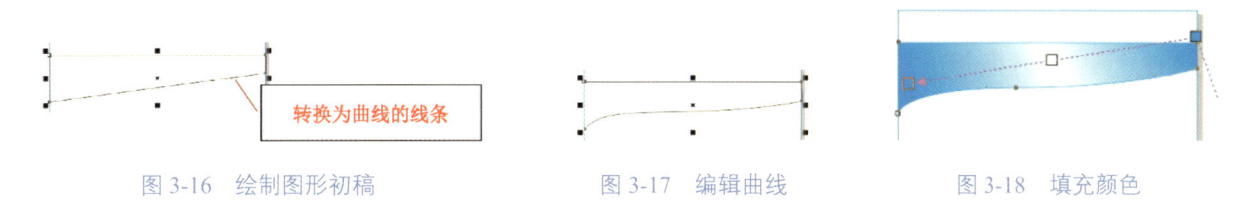

图 3-16 绘制图形初稿　　图 3-17 编辑曲线　　图 3-18 填充颜色

（6）复制上面绘制的图形，用鼠标右键单击调色板中的白色色块，设置图形的轮廓色为白色；使用"选择"工具调整图形的位置；选择"交互式填充"工具，分别填充颜色为（C：62；M：0；Y：18；K0）、白色、（C：29；M：0；Y：10；K：0）；选择"形状"工具，修改两个图形的形状；选择"选择"工具，框选这两个图形，单击鼠标右键，在弹出的快捷菜单中选择"组合对象"命令，将所选图形组合为一个对象，效果如图 3-19 所示。

（7）选择"选择"工具，单击上面绘制的图形，按住鼠标左键，拖动到绘图区底部，在不释放鼠标左键的同时单击鼠标右键，快速复制出一个图形，如图 3-20 所示；单击新复制出来的图形，分别单击属性栏中的"水平镜像"按钮和"垂直镜像"按钮，效果如图 3-21 所示。

（8）选择"形状"工具，单击下面的图形，向下拖动图形上方线条中间的控制点，对图形形状进行调整，效果如图 3-22 所示。

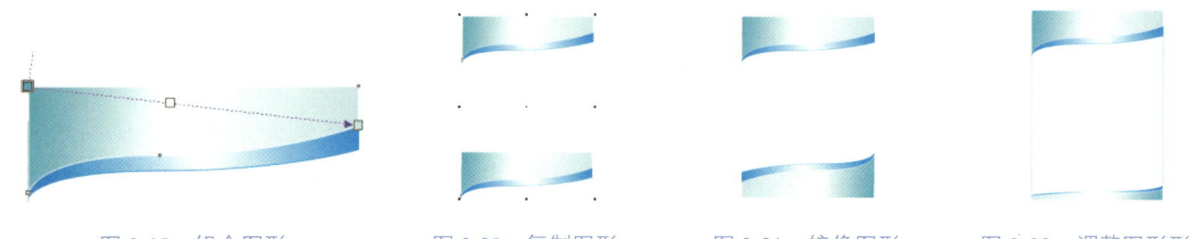

图 3-19　组合图形　　　图 3-20　复制图形　　　图 3-21　镜像图形　　　图 3-22　调整图形形状

（9）选择"贝塞尔"工具，单击起点，在终点处按住鼠标左键，拖动线条成为合适的图形，释放鼠标左键；用鼠标右键单击调色板中的白色色块，设置轮廓色为白色，效果如图 3-23 所示。

（10）使用同样的方法，绘制另一条白色曲线，效果如图 3-24 所示。

图 3-23　绘制一条白色曲线　　　　　　　图 3-24　绘制另一条白色曲线

（11）按快捷键"Ctrl+I"，弹出"导入"对话框，选择"星星科技公司标志.cdr"文件，单击"导入"按钮，调整图片位置。

（12）选择"矩形"工具，绘制一个矩形，尺寸设置为 35mm×53mm，并使用"选择"工具调整矩形的位置。

小技巧

在工作证上通常张贴 1 寸或 2 寸的照片，其尺寸分别是 25mm×35mm、35mm×53mm，根据需要选择一种尺寸即可。

（13）选择工具箱中的"文本"工具，设置字体为"宋体"、字号为 25pt，在绘图区中单击，输入文字"工作证"。

（14）选择工具箱中的"文本"工具，设置字体为"宋体"、字号为 15pt，在绘图区中单击，输入文字"星星科技公司"。

（15）选择"选择"工具，选择绘制的张贴照片的矩形和所有的文字，执行"对象"→"对齐和分布"→"在页面水平居中"命令，如图 3-25 所示。调整好文字与图形的位置，完成工作证的绘制。

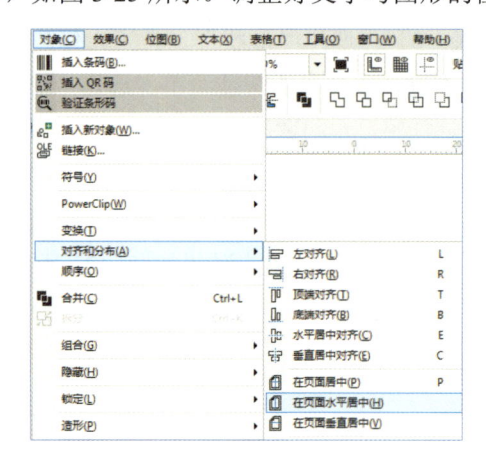

图 3-25　"对齐和分布"设置

（16）执行"文件"→"保存"命令或按快捷键"Ctrl+S"，保存文件为"星星科技公司工作证.cdr"。

（17）执行"文件"→"导出"命令或按快捷键"Ctrl+E"，导出 JPG 文件，命名为"星星科技公司工作证.jpg"。

任务 2　制作名片

任务展示

任务分析

名片具有宣传个人和企业、体现名片持有者的职业特征等作用。名片主要由标志、图形、文案组成。名片中的字体与颜色建议不超过 3 种，要求布局美观、版面简洁，不同信息的字体、字号要有所区别，以突出文本信息的浏览顺序。名片的标准尺寸是 90mm×54mm，出血位上、下、左、右各 2mm，因此本任务的作品尺寸设定为 94mm×58mm。本任务制作的名片选用暖色调，突出家的温馨感，其中，饱和度低的紫色有神秘、艺术感，橙色有欢快、活泼感。标志采用了三角形图形代表房子，曲线表达了家居环境设计的现代、时尚感。

本任务主要使用"交互式填充""文本""对齐和分布"等工具和命令来完成。

任务实施

（1）启动 CorelDRAW 2021，单击"新建"按钮新建文档，在属性栏中设置纸张宽度为 94mm、高度为 58mm。

（2）绘制公司标志。

① 选择"多边形"工具，在属性栏中设置边数为 3、锐度为 1、轮廓宽度为 1.5mm，按住"Ctrl"键，绘制一个等边三角形，如图 3-26 所示。

② 选择"选择"工具，单击对象控制点，拖动鼠标到合适的位置，在不释放鼠标左键的同时单击鼠标右键，快捷复制出一个三角形。使用同样的方法，复制出第三个三角形。

③ 选择"选择"工具，分别单击 3 个三角形，单击调色板中相应的色块，分别设置填充色为红色、黄色、青色；选择"选择"工具，调整 3 个三角形的大小与顺序；框选 3 个三角形，执行"对象"→"对齐和分布"→"底部对齐"命令，效果如图 3-27 所示。

图 3-26　绘制一个等边三角形 　　　　　　　　　图 3-27　绘制 3 个三角形

④ 选择"钢笔"工具，绘制一个四边形，如图 3-28 所示；选择"形状"工具，选择全部节点，单击属性栏中的"转换为曲线"按钮，把直线全部转换为曲线，调整节点控制点及控制线的位置，修改图形形状，如图 3-29 所示；单击调色板中的橘红色色块，设置图形的填充色为橘红色；设置图形的轮廓色为无填充色。

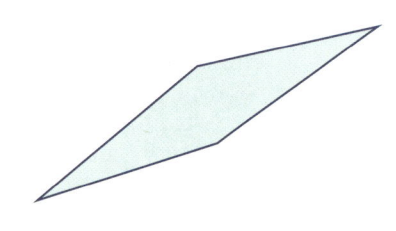

图 3-28　绘制一个四边形 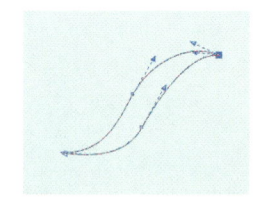　　　　　　　　　　图 3-29　修改图形形状

⑤ 选择"选择"工具，框选上面绘制的图形，在全选的状态下单击鼠标右键，在弹出的快捷菜单中选择"组合对象"命令或按快捷键"Ctrl+G"，将所选对象组合成一个对象，完成公司标志的制作，效果如图 3-30 所示。

图 3-30　公司标志效果

（3）绘制名片底部右侧的三角形。

① 选择"钢笔"工具，在绘图区中，分别在第一个、第二个、第三个节点对应的位置单击，然后双击第一个节点，完成左侧三角形的绘制。选择"交互式填充"工具，先单击属性栏中的"渐变填充"按钮，再单击"椭圆形渐变填充"按钮，设置渐变颜色为橘红色、红色、蓝色，效果如图 3-31 所示。

② 使用同样的方法，在右侧绘制一个同高度的三角形。单击右侧的三角形，选择"交互式填充"工具，单击属性栏中的"线性渐变填充"按钮，设置渐变颜色为黄色、橘红色，效果如图 3-32 所示；调整两个三角形的位置，效果如图 3-33 所示。

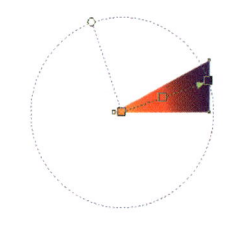

图 3-31　绘制左侧的三角形 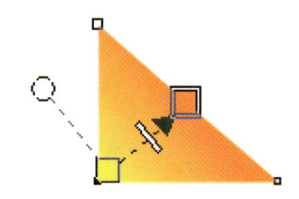　　图 3-32　绘制一个同高度的三角形 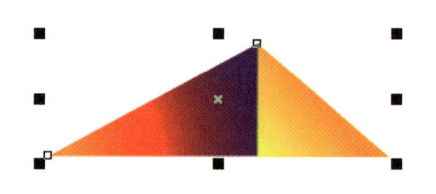　　图 3-33　调整两个三角形的位置

（4）选择工具箱中的"文本"工具字，或按"F8"键，设置字体为"隶书"、字号为18pt，在绘图区中单击，输入文字"美艺家装有限公司"，调整文本到合适位置，设置文字颜色为（C：73；M：100；Y：27；K：0）。

（5）选择工具箱中的"文本"工具字，或按"F8"键，设置字体为"隶书"、字号为36pt，在绘图区中单击，输入文字"张迁"；选择"选择"工具，单击文本，调整文本到合适位置，执行"对象"→"对齐和分布"→"在页面水平居中"命令；设置文字填充颜色为（C：8；M：70；Y：100；K：0），无轮廓色。

（6）选择工具箱中的"文本"工具字，或按"F8"键，设置字体为"隶书"、字号为15pt，在绘图区中单击，输入文字"家装顾问"，调整文本到合适位置，设置文字填充颜色为（C：8；M：70；Y：100；K：0），无轮廓色。

（7）选择工具箱中的"文本"工具字，或按"F8"键，设置字体为"隶书"、字号为10pt，在绘图区中单击，输入文字"电话：XXXXXXXXXX"，按"Enter"键，继续输入文字"网址：XXXXXXXXXX"，按"Enter"键，继续输入文字"公司地址：广西南宁星光大道 X 号"，设置文字填充颜色为（C：73；M：100；Y：27；K：0），无轮廓色。

（8）选择"形状"工具，单击联系信息美术字，出现调整按钮，如图 3-34 所示。向下拖动按钮增加行间距，向右拖动按钮增加字间距，调整后效果如图 3-35 所示。

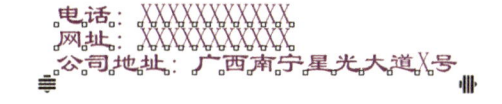

图 3-34　调整前效果　　　　　　　　图 3-35　调整后效果

（9）将鼠标指针移动到标尺中间处，按住鼠标左键拖出辅助线，定位出名片的上、下、左、右边距。调整绘图区中所有文字与图形的位置，效果如图 3-36 所示。选择辅助线，单击鼠标右键，在弹出的快捷菜单中选择"删除"命令，完成名片的制作。

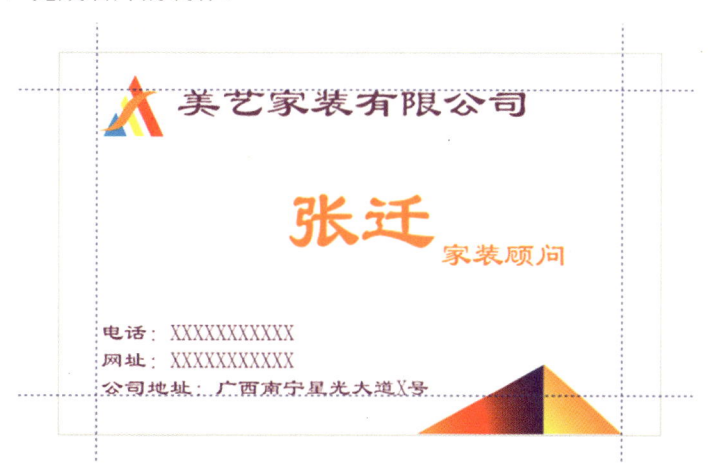

图 3-36　调整版面布局效果

（10）执行"文件"→"保存"命令或按快捷键"Ctrl+S"，保存文件为"美艺家装名片.cdr"。

（11）执行"文件"→"导出"命令或按快捷键"Ctrl+E"，导出 JPG 文件，命名为"美艺家装名片.jpg"。

任务 3　制作 VIP 卡

任务展示

任务分析

VIP 卡在设计方面既要精美又要体现出企业内涵，其要素包括企业名称、编号、使用说明、签名位置等。VIP 卡的尺寸与银行卡的尺寸一样，且分正、反两面，背面的磁条距离边框（上或下）4mm。在设计与制作 VIP 卡时，要预留 2mm 的出血位，因此，背面的磁条距离边框 6mm。

本任务的 VIP 卡设计选用花、叶为插画装饰，体现花店经营产品的特点，整体布局合理、美观；"VIP"字体设计有流畅、大方的动感视觉效果。本任务主要使用"文本""转换为曲线""图框精确裁剪""交互式填充"等工具和命令来完成。在制作 VIP 卡的过程中，为了避免意外情况的发生，要多次保存文件，建议使用快捷键"Ctrl+S"，以提高工作效率。

任务实施

（1）启动 CorelDRAW 2021，新建文档，在属性栏中设置"自定义"纸张，宽度为 94mm，高度为 58mm。

（2）设置页面名称。用鼠标右键单击页面控制栏中的页面名称，在弹出的快捷菜单中选择"重命名页面"命令，将其重命名为"正面"。

（3）制作 VIP 卡正面。

① 选择"矩形"工具或按"F6"键，绘制一个与绘图区一样大小的矩形。将鼠标指针移动到调色板中的 50%灰色色块上，单击鼠标右键，为矩形的轮廓填充灰色；双击页面底部的颜色填充按钮，在弹出的对话框中设置填充色为（C：0；M：8；Y：4；K：0）。

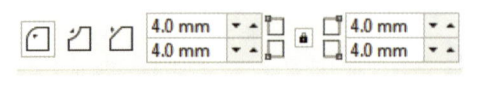

图 3-37　矩形的属性设置

② 单击"矩形"工具属性栏中的"圆角"按钮，设置圆角半径为 4mm，如图 3-37 所示。按"Enter"键，完成圆角矩形的绘制。

③ 选择工具箱中的"文本"工具，设置字体为"宋体"、字号为 60pt，在绘图区中单击，输入字母"VIP"；选择"交互式填充"工具，单击"线性渐变填充"按钮，双击控制线，增加一个色块，将这 3 个色块的颜色分别设置为黄色（C：0；M：0；Y：100；K：0）、橘红色（C：0；M：60；Y：100；K：0）、黄色，效果如图 3-38 所示。

④ 用鼠标右键单击文字，在弹出的快捷菜单中选择"转换为曲线"命令，把文字转换为曲线；选择"形状"工具，在文字曲线周围出现了可调整的节点，如图 3-39 所示。

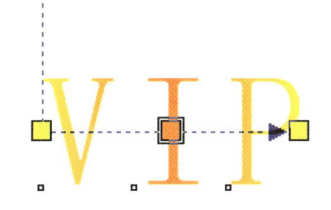

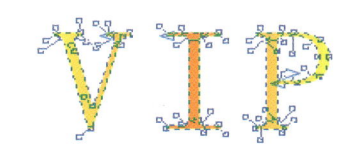

图 3-38 "VIP"线性渐变填充效果

图 3-39 把文字转换为曲线

> **小技巧**
>
> 文本和绘制的基础图形都需要"转换为曲线",才能使用"形状"工具进行编辑。

⑤ 依据字体设计造型,删除或拖动需调整的节点,效果如图 3-40 所示。调整好后,用鼠标右键单击调色板中的橘红色色块,设置轮廓色为橘红色(C:0;M:60;Y:100;K:0)。

⑥ 选择工具箱中的"文本"工具**字**,或按"F8"键,设置字体为"隶书"、字号为 20pt,在绘图区中单击,输入文字"贵宾卡",将其调整到合适位置;用鼠标右键单击调色板中的⊠按钮,设置无轮廓色;选择"交互式填充"工具◇,单击"线性渐变填充"按钮,在文字上水平拖出控制线,分别设置色块为红色(C:0;M:100;Y:100;K:0)、橘红色(C:0;M:60;Y:100;K:0),效果如图 3-41 所示。选择"选择"工具▶,调整文本"VIP""贵宾卡"的大小和位置。先执行"对象"→"对齐和分布"→"在页面水平居中"命令,再执行"对象"→"对齐和分布"→"在页面垂直居中"命令。

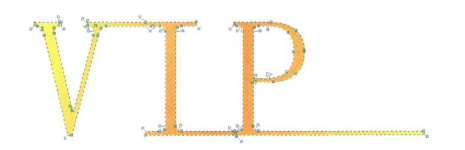

图 3-40 "VIP"造型效果

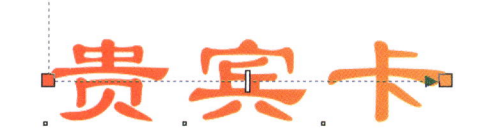

图 3-41 "贵宾卡"线性渐变填充效果

> **小技巧**
>
> 当需要对多个对象进行排版时,灵活运用"对象"→"对齐和分布"命令,能提高排版的速度与质量。

⑦ 选择工具箱中的"文本"工具**字**,或按"F8"键,设置字体为"隶书"、字号为 25pt,在绘图区中单击,输入文字"念想速递鲜花坊",设置填充色和轮廓色均为(C:0;M:80;Y:38;K:0)。

⑧ 选择工具箱中的"文本"工具**字**,或按"F8"键,设置字体为"隶书"、字号为 18pt,在绘图区中单击,输入文字"NO:202700000X",设置无轮廓色,填充色为(C:0;M:80;Y:38;K:0)。调整 VIP 卡正面所有文字的位置,效果如图 3-42 所示。

⑨ 执行"文件"→"导入"命令或按快捷键"Ctrl+I",在弹出的对话框中选择正确的文件路径,选择需要导入的"花 1""花 2""花 3""银杏叶"等素材文件,单击"导入"按钮,逐个单击绘图区,完成素材文件的导入操作。

⑩ 单击装饰用的图像,执行"对象"→"PowerClip"→"置于图文框内部"命令,如图 3-43 所示。当鼠标指针变为➡形状时,将该箭头指向圆角矩形并单击。

图 3-42　VIP 卡正面文字效果

图 3-43　置于图文框内部

⑪ 执行"对象"→"PowerClip"→"编辑 PowerClip"命令，进入图框精确裁剪的编辑区；选择"选择"工具，调整图像的大小及位置；执行"对象"→"PowerClip"→"完成编辑 PowerClip"命令，如图 3-44 所示。或者用鼠标右键单击图像，在弹出的快捷菜单中选择"完成编辑"命令，返回绘图区。

图 3-44　完成编辑 PowerClip

⑫ 使用同样的方法，把所有装饰用的图像置于圆角矩形中，并调整好大小与位置，效果如图 3-45 所示。

⑬ 对所有素材进行大小与位置的调整，完成 VIP 卡正面的制作，效果如图 3-46 所示。

图 3-45　图框精确裁剪前效果

图 3-46　VIP 卡正面效果

（4）制作 VIP 卡背面。

① 单击页面控制栏中的 图标，新增页面；用鼠标右键单击页面名称，在弹出的快捷菜单中选择"重命名页面"命令，将其重命名为"背面"。

② 与 VIP 卡正面的绘制方法相同，绘制一个宽度为 94mm、高度为 58mm、圆角半径为 4mm、轮廓色为 50%灰色的圆角矩形。

③ 执行"布局"→"文档选项"→"辅助线"→"水平辅助线"命令，在 Y 值处输入 52.0 毫米，如图 3-47 所示，单击"添加"按钮，再单击"OK"按钮，即可按设置参数绘制出辅助线。

图 3-47　设置水平辅助线

④ 对齐辅助线。执行"查看"→"对齐辅助线"命令或按快捷键"Alt+Shift+A"，使绘制的图形对

齐辅助线。按"F6"键，绘制一个距离边框 6mm、宽度为 94mm、高度为 13mm 的矩形，无轮廓色，设置线性渐变填充，填充色分别为黑色、灰色、黑色。在绘制好矩形后，选择辅助线，单击鼠标右键，在弹出的快捷菜单中选择"删除"命令，删除辅助线。

⑤ 按"F6"键，绘制一个矩形；选择"交互式填充"工具，在其属性栏中单击"底纹填充"按钮，选择"样本 6"选项，再选择要填充的底纹，如图 3-48 所示，填充后的效果如图 3-49 所示。

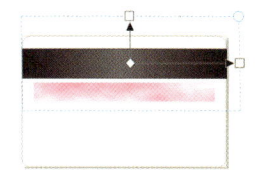

图 3-48 底纹填充属性设置　　　　图 3-49 底纹填充效果

⑥ 选择"文本"工具或按"F8"键，在绘图区中单击，输入文本"贵宾签名："，调整文本的大小与位置。

⑦ 将正面绘制的"VIP"图形复制到背面，调整其大小，并放置到卡片左下角，如图 3-50 所示。

⑧ 选择"文本"工具或按"F8"键，在绘图区中单击，输入备注说明的文字，设置字体为"楷体"，使用"选择"工具调整其大小和位置；选择"形状"工具，当出现调整按钮时，向下拖动按钮增加行间距，完成 VIP 卡背面的制作，效果如图 3-51 所示。

图 3-50 复制"VIP"图形　　　　图 3-51 VIP 卡背面效果

（5）按快捷键"Ctrl+S"，保存文件；按快捷键"Ctrl+E"，导出 JPG 文件。

任务 4　制作商品吊牌

任务展示

任务分析

商品吊牌是商家向消费者展示商品信息的一种形式，如衣服吊牌、茶叶吊牌等。不同类型的商品有不同的商品吊牌设计方式，主要设计原则是色彩搭配要与商品性质相符，突出品牌形象，容易识记。有些商品还会定制防伪标签，既可以防止商品造假，又可以提高商品档次、树立品牌形象。

本作品的设计亮点是将吊牌信息和防伪标签（二维码）相结合，消费者在购买商品之后，可以通过扫描二维码获取商品信息、查验商品真伪。本作品采用了水墨山水画、茶叶等素材，突显茶叶的生长环境，富有中国传统文化的意境。

本任务主要使用"对象造型""文本""图框精确裁剪""裁剪"等工具和命令来完成。

任务实施

（1）启动 CorelDRAW 2021，新建文档，在属性栏中设置"自定义"纸张，宽度为 100mm，高度为 120mm。

（2）设置页面名称。用鼠标右键单击页面控制栏中的页面名称，在弹出的快捷菜单中选择"重命名页面"命令，将其重命名为"正面"。

（3）制作商品吊牌正面背景。

① 选择"矩形"工具，绘制一个宽度为 40mm、高度为 90mm 的矩形，在属性栏中单击圆角参数锁定按钮，使其呈效果，设置左上、右上圆角半径为 10mm，左下、右下圆角半径为 5mm，如图 3-52 所示，按"Enter"键，完成圆角矩形的绘制。

② 选择"椭圆形"工具，绘制一个宽度、高度均为 20mm 的正圆形。在调整好图形的位置后，选择两个图形，执行"对象"→"对齐和分布"→"水平居中"命令或单击"对齐与分布"泊坞窗中的"水平居中"按钮，对齐效果如图 3-53 所示。

③ 单击属性栏中的"焊接"按钮，将两个图形焊接在一起，效果如图 3-54 所示。

④ 设置图形的轮廓宽度为 2mm；双击窗口右下角的轮廓色色块，设置轮廓色为（C：95；M：74；Y：49；K：11）；双击填充色色块，设置填充色为（C：14；M：5；Y：7；K：0），效果如图 3-55 所示。

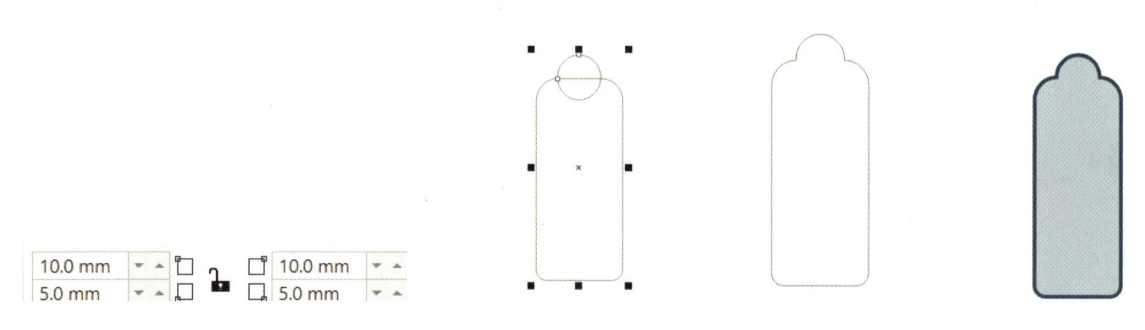

图 3-52 圆角参数设置　　图 3-53 对齐效果　　图 3-54 焊接效果　　图 3-55 颜色填充效果

⑤ 复制上面绘制的图形，调整图形的宽度、高度分别为 30mm、96mm；选择"选择"工具，框选两个图形，参照上述的操作方法，分别单击"对齐与分布"泊坞窗中的"水平居中"按钮、"垂直居中"按钮；设置复制图形的轮廓宽度为 0.5mm，轮廓色为白色（C：0；M：0；Y：0；K：0），填充色为（C：14；M：5；Y：7；K：0）。

⑥ 导入素材文件"水墨山水.jpg"；单击图片，执行"对象"→"PowerClip"→"置于图文框内部"命令；执行"对象"→"PowerClip"→"编辑 PowerClip"命令，进入图框精确裁剪的编辑区，调整图片

的大小及位置，完成吊牌背景的制作，效果如图3-56所示。

（4）绘制同心圆。选择"椭圆形"工具○，绘制一个宽度、高度均为20mm的正圆形。按住"Shift"键，同时拖动正圆形的对角控制点，当属性栏中的宽度、高度均显示为22mm时，单击鼠标右键，绘制一个同心圆。如果操作不够精确，则可以自行设置属性值。选择两个正圆形，分别单击"水平居中"按钮和"垂直居中"按钮。设置两个正圆形的轮廓宽度均为0.2mm，轮廓色为绿色（C：100；M：0；Y：100；K：0），无填充色，效果如图3-57所示。按快捷键"Ctrl+G"，将两个正圆形组合成一个对象。执行"位图"→"转换为位图"命令，将矢量图转换为位图。

（5）绘制"祥云"图形。

① 绘制一个宽度为10mm、高度为2mm、圆角半径为2mm的圆角矩形，然后复制一份；选择两个圆角矩形，单击"对齐与分布"泊坞窗中的"底部对齐"按钮调整位置，效果如图3-58所示。复制这两个圆角矩形，调整位置，使复制的两个圆角矩形的上边线与前面绘制的两个圆角矩形的下边线重叠。选择"钢笔"工具 ，绘制两条垂直的直线用于定位，如图3-59所示。

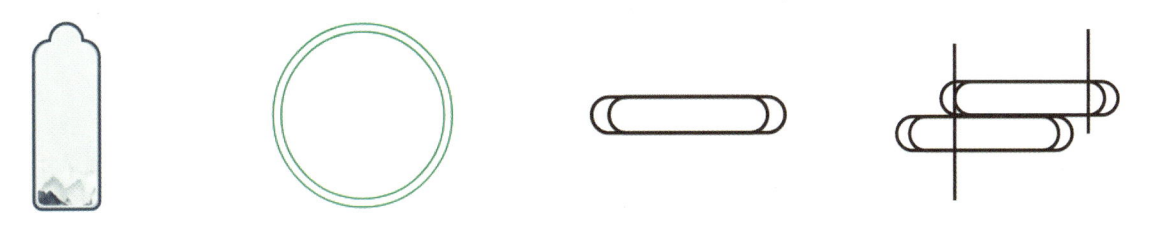

图3-56　吊牌背景效果　　图3-57　绘制绿色同心圆　　图3-58　绘制两个圆角矩形　　图3-59　绘制定位用的直线

② 长按"裁剪"工具 ，在弹出的列表中选择"虚拟段删除"工具 ，将鼠标指针移动到需要删除的线段上，单击即可删除线段，效果如图3-60所示。删除定位用的直线，调整好曲线的位置。选择图形中的所有曲线，单击属性栏中的"焊接"按钮，使其成为一个图形，效果如图3-61所示。设置轮廓色为（C：52；M：0；Y：52；K：0）。选择"形状"工具 ，调整节点改变图形形状，如图3-62所示。

图3-60　删除线段效果　　图3-61　焊接效果　　图3-62　调整节点改变图形形状

（6）绘制印章。选择"手绘"工具 ，绘制印章的形状，分别单击、用鼠标右键单击调色板中的红色色块，设置填充色和轮廓色均为红色。执行"位图"→"转换为位图"命令，将矢量图转换为位图。执行"效果"→"模糊"→"高斯模糊"命令，设置模糊参数为"5像素"。选择"文本"工具字，设置字体为"楷体"，输入"武夷"，调整文本与图形的大小和位置。选择"选择"工具 ，框选印章中的图形与文本，按快捷键"Ctrl+G"进行组合，效果如图3-63所示。

（7）图文排版。

① 选择"文本"工具字，在前面绘制的绿色同心圆中间输入文字"茶"，设置字体为"楷体"、字号为30pt，轮廓色和填充色均设置为（C：81；M：49；Y：100；K：13）。

② 导入"燕子.png"素材文件，复制一份，单击属性栏中的"水平镜像"按钮 ，可以得到两只飞行方向不同的燕子；导入"蜻蜓.png""叶子.png"素材文件；复制两份"祥云"图形；调整图形的大小与位置，效果如图3-64所示。

③ 选择"同心圆"位图，调整其顺序为"到图层前面"；选择"橡皮擦"工具，删除"祥云""印章"等图形与同心圆重叠的部分，再调整其顺序，效果如图 3-65 所示。把上述文字与图形全部选中，按快捷键"Ctrl+G"进行组合。

图 3-63　印章效果　　　　　　图 3-64　导入素材效果　　　　　　图 3-65　图文排版效果

（8）输入广告文案。选择"文本"工具，单击"文字竖排"按钮，输入文字"甘香如兰　却幽而不洌　杯中悬沉刀剑　云集枪旗"；选择"形状"工具，单击文本，调整其大小、位置、行间距等。

（9）选择"椭圆形"工具，绘制一个直径为 3.5mm 的正圆形作为吊牌孔。调整吊牌正面所有对象的位置与大小，效果如图 3-66 所示。

（10）绘制吊牌背面。

① 单击页面控制栏中的 图标，新增页面；用鼠标右键单击页面名称，在弹出的快捷菜单中选择"重命名页面"命令，将其重命名为"反面"。

② 复制吊牌正面的图形，导入"二维码"素材；选择"文本"工具，单击"文字竖排"按钮，输入文字"联系电话：XXXXXXXXXX"；选择吊牌背面所有的对象，执行"水平居中"命令，调整所有对象的大小和位置，效果如图 3-67 所示。

图 3-66　吊牌正面效果　　　　　　　　　　图 3-67　吊牌背面效果

（11）按快捷键"Ctrl+S"，保存文件；按快捷键"Ctrl+E"，导出 JPG 文件。

项目总结

通过完成本项目，读者练习了"手绘""贝塞尔""钢笔"等曲线绘制工具的使用，学习了图形编辑中的对象造型、图框精确裁剪、交互式填充、对齐和分布等工具和命令的操作方法。其中，对象造型包括合并、修剪、相交、简化、移除后面对象、移除前面对象、创建边界等操作；文本及基础图形"转换为曲线"后都能使用"形状"工具进行编辑处理；"图框精确裁剪"常用于图形、图像的裁剪或抠图；使用

"交互式填充"工具可以得到丰富的色彩效果。

本项目制作了工作证、名片、VIP 卡和商品吊牌。设计人员在设计与制作作品时，要正确表达信息，灵活应用图形、文字、颜色等体现作品所蕴含的意义、情感或企业的文化。卡片的制作工艺或应用领域对作品尺寸、色彩等方面的要求比较严格，因此，设计人员要有认真、严谨的工作态度，灵活使用各种工具和命令，快速制作出相对复杂且美观的作品。

拓展练习

（1）借鉴本项目任务 1 的制作技巧，制作中职学生技能竞赛参赛证，尺寸是 74mm×104mm（已含上、下、左、右各 2mm 出血位），其正、反面效果如图 3-68 所示。

图 3-68　参赛证正、反面效果

提示

"文本"工具属性栏中的按钮分别用于设置文本横向、竖向显示；贴照片的矩形框用于贴 1 寸照片，其尺寸是 2.5cm×3.5cm。

（2）某公司主要传承与创新中华民族优秀的中药文化，以中药为主要原材料研发美容美发产品。现需要为该公司制作员工名片模板，正面效果如图 3-69 所示，请设计同风格的名片背面。

图 3-69　名片正面效果

(3)制作校园智能卡,其正、反面效果如图 3-70 所示。

图 3-70　校园智能卡正、反面效果

(4)制作书签,正面效果如图 3-71 所示,反面由读者自行设计与制作。

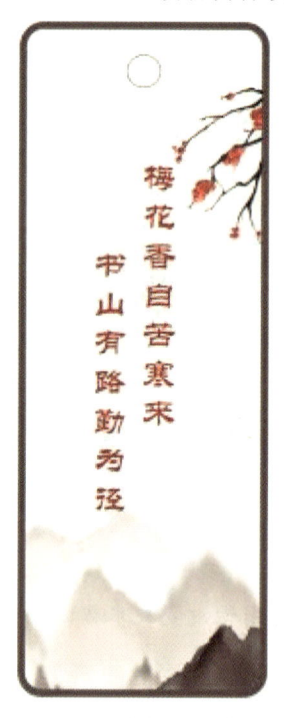

图 3-71　书签正面效果

提示

设计书签的尺寸,新建书签文档,导入"水墨山水"素材文件,执行"效果"→"调整"→"颜色平衡"命令,设置"青-红"的值为 13,把图片的颜色调整为偏红的色调。

项目 4

图形修饰——海报制作

项目导读

CorelDRAW 中对象的智能填充、网状填充、变换、艺术笔、轮廓笔等工具具有灵活且实用的绘图功能，能较快速地绘制、修饰、美化图形。其中，使用"变换"泊坞窗可以精确地移动对象、旋转对象、缩放对象、改变对象大小、倾斜对象；使用"轮廓笔"工具可以修改对象的轮廓属性，起到修饰对象的作用；使用"艺术笔"工具可以给手绘笔触添加艺术笔刷、喷射、书法等填充路径，效果丰富、形式多样，会产生较为独特的艺术效果。本项目的重点是掌握变换、艺术笔、轮廓笔工具的作用及操作方法，完成海报的制作；难点是使用工具和命令绘制、修饰、美化图形。

海报是广告的一种，最早用于戏剧、影视、赛事等活动宣传，是招贴中的特殊形式。其优点是传播信息及时、成本费用低、制作简便。海报一般可分为公益海报与商业海报。公益海报常以社会公益性问题、文体活动等为题材；商业海报常以促销为目的，需迎合消费者心理，突显商品特色及卖点。

学习目标

- 能使用智能填充和网状填充工具填充颜色。
- 能使用对象变换命令快速绘制图形。
- 能使用艺术笔绘制具有艺术效果的图形。
- 能使用轮廓笔修饰对象。
- 能制作简单的海报。
- 培养分析问题和解决问题的能力，以及敬师爱幼的意识。

项目任务

- 制作教师节宣传海报。
- 制作活动宣传海报。
- 制作旅游促销海报。

4.1 颜色智能填充与网状填充

1. "智能填充"工具

使用"智能填充"工具 可以为任意的闭合区域填充颜色，设置轮廓的宽度和颜色，但没有渐变色、花纹图案等的填充。

"智能填充"工具可以检测到多个对象相交产生的闭合区域，填充后的闭合区域成为新的图形。操作方法是：选择"智能填充"工具 ，单击属性栏中的色块，可以设置颜色；通过设置轮廓宽度，可以改变轮廓粗细。"智能填充"工具属性栏如图4-1所示。当依次设置不同的颜色参数后，逐个单击需要填充的区域，填充效果如图4-2所示。

图 4-1 "智能填充"工具属性栏

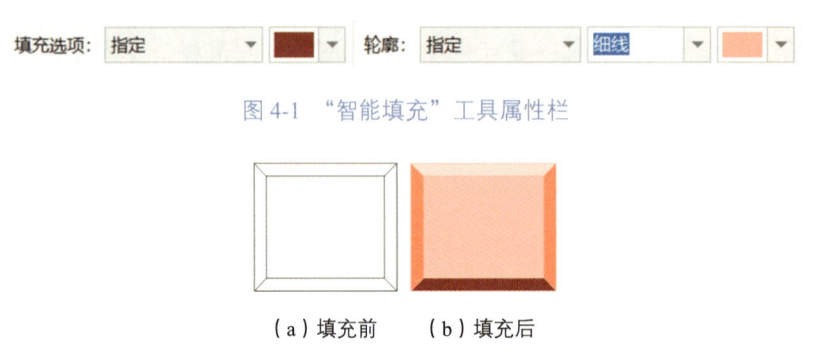

(a) 填充前　　(b) 填充后

图 4-2 智能填充前后效果

2. "网状填充"工具

"网状填充"工具 可应用于闭合对象或单条路径，创建任何方向的平滑颜色过渡，可以为造型做立体感的填充，产生独特的视觉效果。在"网状填充"工具属性栏中可以设置网格的行数、列数及交叉点，如图4-3所示。在创建网格对象之后，可以通过添加或移除节点或交叉点来编辑网状填充效果，拖动节点的控制线即可改变颜色的填充方向。操作方法是：选择"网状填充"工具 ，设置属性栏中的参数；单击对象，设置选择的节点颜色为白色，调整节点位置，效果如图4-4所示。

图 4-3 "网状填充"工具属性栏

（a）填充前　　（b）节点编辑　　（c）填充后

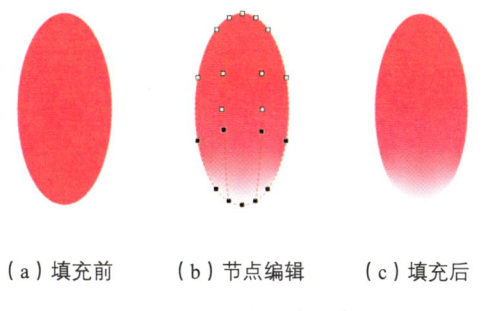

图 4-4　网状填充前后效果

4.2　对象变换

使用"变换"泊坞窗可以精确地移动对象、旋转对象、缩放对象、改变对象大小、倾斜对象等。

1. 移动对象

使用"位置"命令可以精确地移动对象。

操作方法是：选择一根线条，执行"对象"→"变换"→"位置"命令，打开"变换"泊坞窗中的位置面板，如图 4-5 所示。其中，"X"选项用于设置对象所在位置的横坐标；"Y"选项用于设置对象所在位置的纵坐标；"相对位置"是指对象相对于原位置进行移动；"副本"选项用于设置复制对象的个数。在设置好参数后，单击"应用"按钮，即可将对象进行精确移动或移动复制，得到一组线条，效果如图 4-6 所示。

图 4-5　"变换"泊坞窗中的位置面板

图 4-6　移动复制效果

2. 旋转对象

使用"旋转"命令可以精确地旋转对象。执行"对象"→"变换"→"旋转"命令，打开"变换"泊坞窗中的旋转面板。其中，"角度"参数用于设置旋转角度；在"中心"选项组中，通过设置水平和垂直方向的参数值，可以确定对象的旋转中心；在指示器中可以选择旋转中心的相对位置；"副本"选项用于设置复制对象的个数。

以绘制花朵为例，操作方法是：绘制一个椭圆形，使用"网状填充"工具₩填充颜色，分别单击两次对象，拖动旋转点到合适位置，如图 4-7 所示。设置旋转角度为 60°，设置旋转并复制的次数为 5，即设置副本为 5，单击"应用"按钮，效果如图 4-8 所示。

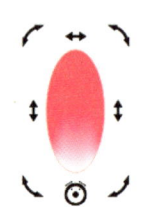

图 4-7 设置旋转点

图 4-8 花朵效果

"变换"泊坞窗中其他面板的操作方法与上述对象变换操作相似,在此不再一一举例说明。

3. 缩放和镜像

使用"缩放和镜像"命令可以精确地缩放对象。在"变换"泊坞窗中,单击"缩放和镜像对象"按钮,在打开的面板中,"X"选项用于设置对象在水平方向上的缩放比例,"Y"选项用于设置对象在垂直方向上的缩放比例,单击水平或垂直镜像按钮可以水平或垂直镜像对象。

4. 对象大小

使用"大小"命令可以精确地改变对象大小。在"变换"泊坞窗中,单击"对象大小"按钮,在打开的面板中,"X""Y"选项分别用于设置对象在水平和垂直方向上的大小;在勾选"按比例"复选框后,改变对象在其中一个方向上的大小,对象在另一个方向上的大小也会相应变化。

5. 倾斜对象

使用"倾斜"命令可以精确地倾斜对象。

4.3 "艺术笔"工具

"艺术笔"工具可以模拟现实中毛笔、钢笔的笔触图形,还可以绘制各种预设图案。选择工具箱中的"艺术笔"工具,在属性栏中可以看到 5 种模式,分别是"预设"、"笔刷"、"喷涂"、"书法"、"压力";设置参数,可以改变手绘平滑度及笔触大小等,如图 4-9 所示。

图 4-9 "艺术笔"工具属性栏

1. 绘制艺术笔图形

选择"艺术笔"工具属性栏中 5 种模式中的一种,在其下拉列表中选择一种笔触样式,设置手绘平滑度与笔触大小。在绘图区中按住鼠标左键,按所需路径拖动鼠标即可绘制所需的图形。使用"书法""喷涂"模式绘制的"乐"和"乐器"图形如图 4-10 所示。

图 4-10 使用"书法""喷涂"模式绘制的"乐"和"乐器"图形

2. 调整艺术笔绘制的图形形状

选择使用艺术笔绘制的图形，选择"形状"工具 ，选择图形上的节点，拖动节点或调整控制线，即可调整图形形状，如图 4-11 所示。

3. 沿着路径绘制图形

选择"椭圆形"工具 ，按住"Ctrl"键绘制一个正圆形，并设置轮廓宽度，设置手绘平滑度和笔触大小，选择一种笔触样式，被选择的对象即可应用该样式。如图 4-12 所示，左图是绘制并选择的正圆形，右边 3 个图形分别是设置不同笔触样式的效果。

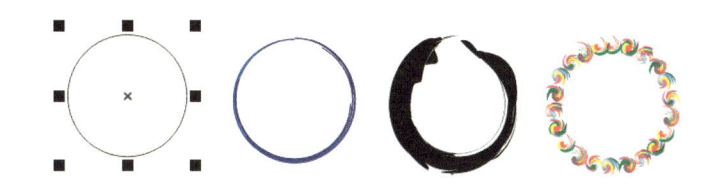

图 4-11 使用"形状"工具调整艺术笔绘制的图形形状

图 4-12 设置不同笔触样式的效果

4.4 "轮廓笔"工具

使用"轮廓笔"工具 可以精确设置轮廓的颜色、粗细与样式。

1. 设置轮廓颜色

选择对象，选择"轮廓笔"工具 ，在其下拉列表中选择"轮廓色"选项或按快捷键"Shift+F12"，弹出"轮廓笔"对话框，双击颜色色块，即可设置轮廓颜色，如图 4-13 所示。

2. 设置轮廓样式

选择对象，选择"轮廓笔"工具 ，在其下拉列表中选择"轮廓笔"选项或按"F12"键，弹出"轮廓笔"对话框，在其中设置线条的宽度、样式、角、线条端头等参数，如图 4-14 所示。设置"点状"线条的文本效果如图 4-15 所示。

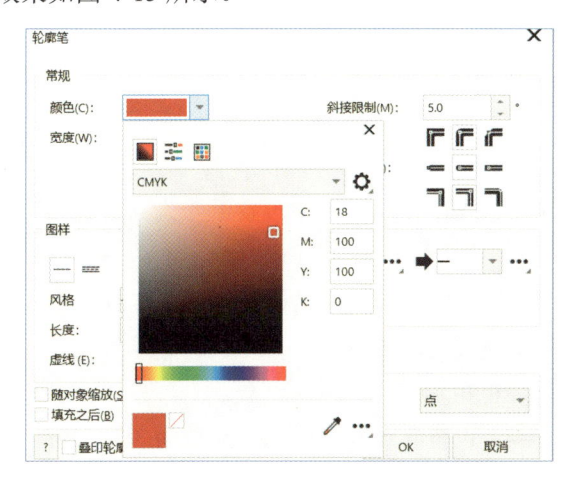

图 4-13 设置轮廓颜色

图 4-14 设置轮廓样式

向未来　　　向未来

原效果　　　　　　调整后效果

图 4-15　设置"点状"线条的文本效果

项目实施

任务 1　制作教师节宣传海报

任务展示

任务分析

节日宣传海报属于公益海报，本作品的色彩选用了淡雅、自然、朴实、体现美好意境的"小清新"风格，背景的对比色使简约的海报多了一些色彩变化；在海报布局上聚焦了节日主题"教师节"；装饰采用了"对脚"布局，装饰素材选用了具有象征意义的水彩画"花朵"和扁平化图形"尺子""教案""灯泡"，寓意是教师为了培育祖国的"花朵"而精益求精、辛勤付出。

本任务主要使用"智能填充""对象变换""文本"等工具和命令来完成。

任务实施

（1）启动 CorelDRAW 2021，单击"新建"按钮新建文档，在属性栏中设置纸张为 A2，宽度为 420mm，高度为 594mm，纸张方向为纵向。

（2）选择"矩形"工具，绘制一个与绘图区一样大小的矩形；用鼠标右键单击调色板中的 50% 灰色色块，设置矩形的轮廓色为灰色；在属性栏中设置轮廓宽度为"细线"

（3）在绘图区中部绘制一条用于定位的垂直线条，将矩形对称分成两部分。

（4）绘制对比色的背景。选择"智能填充"工具，设置其属性栏中的填充色为（C：26；M：6；Y：11；K：0），轮廓色为无，将鼠标指针移动到矩形的右侧区域，当鼠标指针呈"十字"形状时单击，完成颜色的填充；使用同样的方法，设置矩形的左侧区域填充色为（C：9；M：7；Y：7；K：0）；删除定位用的垂直线条，效果如图4-16所示。

（5）绘制"教案"图形。

① 分别选择"椭圆形"工具 ○ 和"矩形"工具 □，按住"Ctrl"键，绘制一个正圆形和一个矩形；选择两个图形，执行"对象"→"对齐和分布"→"垂直居中对齐"命令，单击属性栏中的"焊接"按钮，效果如图4-17所示。

② 执行"对象"→"变换"→"位置"命令，在打开的位置面板中设置参数，Y值为图形高度的两倍，副本为6，单击"应用"按钮，绘制出一组"装订孔"图形，效果如图4-18所示。绘制一个矩形，调整位置，放置在前面绘制的"装订孔"图形下面。选择以上图形，单击属性栏中的"移除前面对象"按钮。选中修剪后的图形，双击"填充"按钮 ◇，设置填充色为（C：9；M：7；Y：7；K：0）；双击"轮廓笔"按钮 ，设置轮廓色为（C：18；M：9；Y：10；K：0），效果如图4-19所示。

图4-16　对比色背景效果　　　图4-17　装订孔效果　　图4-18　装订孔复制效果　　　图4-19　教案效果

（6）绘制"尺子"图形。

① 选择"星形"工具 ☆，设置属性栏中的边数为3、锐度为0，绘制一个三角形；按住"Shift"键，拖动图形对角控制点到合适的位置，在不松开鼠标左键的同时单击鼠标右键，快速复制出一个三角形；选中这两个三角形，单击属性栏中的"移除前面对象"按钮，设置填充色为（C：5；M：4；Y：4；K：0），效果如图4-20所示。

② 绘制尺子的"刻度线"图形。选择"钢笔"工具 ，绘制一条垂直的直线；执行"对象"→"变换"→"位置"命令，在打开的位置面板中设置参数，Y值为图形宽度的两倍，副本为12，绘制出"刻度线"图形，调整其位置与大小；设置"尺子"图形的轮廓色为（C：26；M：6；Y：11；K：0）；选择"尺子"的所有图形，按快捷键"Ctrl+G"组合对象，效果如图4-21所示。

图4-20　尺子轮廓效果　　　　　　　　　图4-21　尺子效果

（7）制作海报背景。按快捷键"Ctrl+I"，选择"花朵"素材，导入绘图区中。分别选择"教案""尺子""花朵"素材，执行"对象"→"PowerClip"→"置于图文框内部"命令；执行"对象"→"PowerClip"→"编辑PowerClip"命令，进入图框精确裁剪的编辑区，调整图片大小及位置，然后执行"对象"→"PowerClip"→"完成编辑PowerClip"命令，完成海报背景的制作，效果如图4-22所示。

(8) 选择"椭圆形"工具〇，绘制一个宽度、高度均为240mm的正圆形，设置填充色和轮廓色均为（C：5；M：4；Y：4；K：0）；绘制一个宽度、高度均为210mm的正圆形，设置填充色为（C：5；M：4；Y：4；K：0），轮廓色为（C：18；M：9；Y：10；K：0），轮廓宽度为2mm。选择这两个正圆形，分别执行"水平居中对齐"和"垂直居中对齐"命令，使它们成为两个同心圆；选择较小的正圆形，执行"位图"→"转换为位图"命令，将其转换为位图，按快捷键"Ctrl+G"组合对象。

(9) 按快捷键"Ctrl+I"，选择"中心花朵"素材，导入绘图区中，调整其位置和大小；按快捷键"Ctrl+PgDn"，设置其顺序在同心圆后面，效果如图4-23所示。

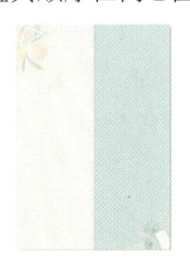

图4-22　海报背景效果　　　　　　　　图4-23　装饰花环效果

(10) 选择"常见的形状"工具，在形状列表中选择第二个条幅图形，在绘图区中拖动鼠标绘制图形。选择"智能填充"工具，设置其属性栏中的填充色为（C：0；M：22；Y：13；K：0），轮廓色为（C：0；M：41；Y：31；K：0），将鼠标指针移动到矩形的右侧区域，当鼠标指针呈"十字"形状时单击，完成颜色填充。使用同样的方法，将左、右侧图形的填充色设置为（C：0；M：41；Y：31；K：0），将底部图形的填充色设置为（C：14；M：58；Y：52；K：0）。选择这组图形，按快捷键"Ctrl+G"组合对象，效果如图4-24所示。

(11) 导入"单个花朵"素材，调整其大小和位置；按快捷键"Ctrl+PgDn"，设置其顺序在条幅图形后面。选择"文本"工具，输入美术字"9月10日"，设置字体为"方正隶书"，字号为70pt，填充色为白色，轮廓色为（C：14；M：58；Y：52；K：0），调整其位置，效果如图4-25所示。

(12) 选择"文本"工具，分别输入3个文字"教""师""节"，设置字体为"方正隶书"，设置填充色和轮廓色均为（C：74；M：8；Y：45；K：0），其中"教""节"的字号为196pt，"师"的字号为260pt。

(13) 选择"文本"工具，在属性栏中设置"文字竖排"，输入文字"以德树人 以情育人 以智启人"，设置字体为"方正隶书"、字号为24pt，无轮廓色，设置填充色为（C：71；M：62；Y：60；K：12）；选择"椭圆形"工具〇，绘制3个小正圆形作为文字的装修，效果如图4-26所示。

图4-24　条幅背景效果　　　　图4-25　条幅和美术字效果　　　　图4-26　竖排文本效果

(14) 选择"2点线"工具，绘制装饰线条，调整其位置和大小。选择"矩形"工具，绘制一个圆角矩形，设置宽度为20mm、高度为50mm、圆角半径为20mm，设置填充色和轮廓色均为（C：38；M：19；Y：21；K：0）。选择"文本"工具，在圆角矩形上输入文字竖排、字体为"方正隶书"、字号为34pt、颜色为白色的美术字"感恩"。在属性栏中设置字体为"Segoe MDL2 Assets"，选择"灯泡"图形，拖动到"教"字上方，设置填充色为（C：14；M：58；Y：52；K：0），调整其大小与位置，效果如图4-27所示。

（15）选择海报中心的同心圆，按快捷键"Ctrl+U"取消组合对象。选择上方已转换为位图的正圆形，选择"橡皮擦"工具，设置合适的笔触大小，擦除正圆形轮廓线与文字、图形相交的部分，效果如图 4-28 所示。

图 4-27　装饰文字与字符效果　　　　　　　　图 4-28　美化细节

（16）选择"文本"工具，输入文字"身正为范　为人师表"，设置字体为"方正隶书"、字号为 90pt，无轮廓色，设置填充色为（C：71；M：62；Y：60；K：12），设置其"在页面水平居中"。

（17）观察海报的整体效果，如有不足之处再进行调整，最后按快捷键"Ctrl+S"保存文件。

任务 2　制作活动宣传海报

任务展示

任务分析

本作品选用了橙色调，核心文字采用了紫色与橙色的色彩搭配方案，产生了强烈的对比效果；同时绘制了云朵、彩虹、光线等元素，产生了富有童趣的艺术感，突出了宣传海报的主题。

本任务主要使用"对象变换""冲击效果""轮廓笔"等工具和命令来完成。

任务实施

（1）新建文档，在属性栏中设置纸张为 A2，宽度为 420mm，高度为 594mm。

（2）绘制海报背景。

① 双击"矩形"工具，绘制一个与绘图区一样大小的矩形。选择"交互式填充"工具，单击属

性栏中的"渐变填充"按钮，单击矩形，按住鼠标左键从上往下拖动。双击控制线的中部，添加填充色块，单击填充色块，在弹出的对话框中设置颜色参数，如图4-29所示。使用同样的方法，从上往下分别给色块填充颜色（C：4；M：80；Y：100；K：0）、（C：0；M：35；Y：71；K：0）、（C：0；M：9；Y：42；K：0），效果如图4-30所示。

② 选择"钢笔"工具，绘制一个"三角形"图形，设置轮廓色为黄色，填充色为从白色到黄色的渐变颜色。单击两次"三角形"图形，拖动中心点到合适的位置，如图4-31所示。

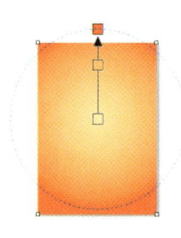

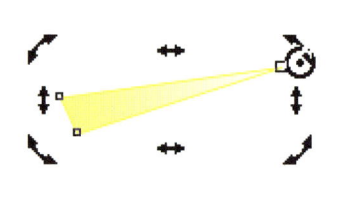

图4-29 设置颜色参数　　图4-30 矩形填充效果　　图4-31 调整"三角形"图形的相对中心

③ 执行"对象"→"变换"→"旋转"命令，在打开的旋转面板中设置旋转角度为-30°，副本为7，如图4-32所示，单击"应用"按钮，完成图形的旋转复制，效果如图4-33所示。选择"选择"工具，选择这组图形，按快捷键"Ctrl+G"组合对象。执行"对象"→"PowerClip"→"置于图文框内部"命令；执行"对象"→"PowerClip"→"编辑 PowerClip"命令，进入图框精确裁剪的编辑区，调整图形大小及位置，然后执行"对象"→"PowerClip"→"完成编辑 PowerClip"命令。选择"透明度"工具，单击其属性栏中的"均匀透明度"按钮，设置透明度为70%。

④ 选择"冲击效果"工具，在绘图区中绘制一个冲击效果的图形，设置其轮廓色与填充色均为黄色；参照上述操作方法，将图形置于背景矩形中，调整其大小和位置，效果如图4-34所示。

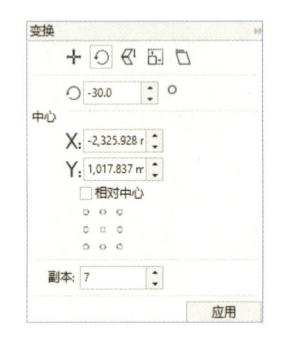

图4-32 设置对象旋转变换参数　　图4-33 "三角形"图形旋转复制效果　　图4-34 海报背景效果图

（3）绘制"云朵"图形。

① 选择"椭圆形"工具，绘制一组椭圆形，如图4-35所示。

② 选择"选择"工具，选择这组椭圆形，单击属性栏中的"合并"按钮，用鼠标右键单击调色板中的"无填充"按钮取消填充色，效果如图4-36所示。

图4-35 绘制一组椭圆形　　图4-36 合并对象效果

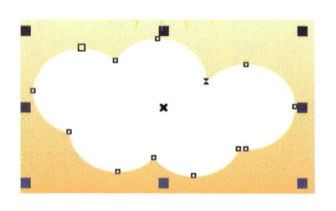

③ 把合并后的对象复制两份，调整这3个图形的大小与位置，把中间的图形填充为冰蓝色。选择"选择"工具，选择这组图形，按快捷键"Ctrl+G"组合对象，完成"云朵"图形的绘制，效果如图4-37所示。

（4）导入素材。执行"文件"→"导入"命令，弹出"导入"对话框，选择正确的文件保存路径，选择素材文件"彩虹.cdr"，单击"导入"按钮，在绘图区中单击，导入素材，调整"彩虹"的大小与位置，效果如图4-38所示。

（5）输入海报主题。选择"文本"工具，设置字体为"方正隶书"、字号为130pt，输入文字"六一儿童节"；设置字号为140pt，输入文字"亲子活动"。选择这两行文本，执行"水平居中"命令，设置填充色和轮廓色均为（C：4；M：80；Y：100；K：0）。设置字体为"方正隶书"、字号为48pt，输入英文"happy time"，设置无轮廓色，填充色为（C：0；M：35；Y：71；K：0）。选择"星形"工具，设置边数为5、锐度为53，绘制两个装饰用的五角星，调整其位置，效果如图4-39所示。

图4-37 "云朵"效果　　图4-38 导入素材效果　　图4-39 海报主题效果

（6）输入活动说明信息。

① 选择"文本"工具，设置字体为"方正雅黑"，分别输入字号为75pt的"精彩预告"、字号为41pt的文字"儿童表演 儿童画展""亲子活动 特色摄影"，设置文字的填充色均为（C：20；M：80；Y：0；K：0），无轮廓色。

② 选择"矩形"工具，绘制一个填充色及轮廓色均为白色的矩形，放置在上面输入的文字中间，调整矩形与文字的位置。

③ 选择"矩形"工具，绘制一个宽度为250mm、高度为40mm、圆角半径为40mm的圆角矩形，设置填充色为（C：20；M：80；Y：0；K：0）。选择"文本"工具，输入字体为"方正雅黑"、字号为54pt、无轮廓色、填充色为白色的主办单位信息。

④ 选择"文本"工具，设置字体为"方正雅黑"、字号为54pt，输入活动时间、参与对象、热线电话、活动地点等相关信息，设置无轮廓色，填充色为白色。选择"形状"工具，向下拖动按钮，增加行间距，效果如图4-40所示。

（7）输入版权信息。选择"文本"工具，设置字体为"方正雅黑"、字号为30pt，输入文字"本活动最终解释权归××××所有"；选择"形状"工具，向右拖动按钮，增加字间距；执行"在页面水平居中"命令，效果如图4-41所示。

图4-40 活动说明信息效果　　图4-41 版权信息效果

（8）观察海报的整体效果，如有不足之处再进行调整。最后按快捷键"Ctrl+S"，保存文件为"六一节亲子活动海报.cdr"；按快捷键"Ctrl+E"，导出JPG文件。

任务 3　制作旅游促销海报

任务展示

任务分析

本作品的设计以图片为主、以文案为辅，选用了蓝色调，配色采用了绿色、橙色，体现了自然、惬意的旅游意境。该海报针对受众群体，制作了醒目、具有鼓动性的主题文字；文案具体、真实，信息传达准确，是典型的以手绘为主的扁平风格商业海报。

该任务主要使用"对象变换""艺术笔""轮廓笔""网状填充"等工具和命令来完成。

任务实施

（1）启动 CorelDRAW 2021，新建文档，在属性栏中设置"自定义"纸张，宽度为 900mm，高度为 600mm。

（2）绘制海报背景。

① 双击"矩形"工具 ▢，绘制一个与绘图区一样大小的矩形。用鼠标右键单击调色板中的无填充色按钮，设置轮廓宽度为"无"。选择"交互式填充"工具 ◇，在属性栏中先单击"渐变填充"按钮 ◢，再单击"椭圆形渐变"按钮 ▦，单击图形中心色块，再单击调色板中的白色色块，设置中心色块为白色；使用同样的方法，设置右边的色块为冰蓝色，完成椭圆形渐变填充，效果如图 4-42 所示。

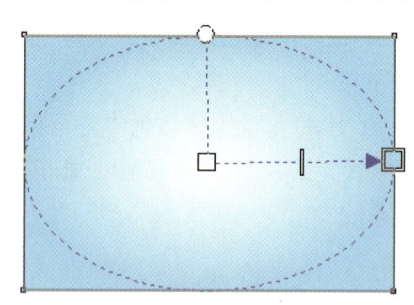

图 4-42　椭圆形渐变填充效果

② 绘制一组椭圆形。选择"椭圆形"工具 ◯，绘制一个椭圆形，设置其宽度为 145mm、高度为 118mm。执行"对象"→"变换"→"位置"命令，在打开的位置面板中设置"X"选项的值为 145mm，副本为 7，如图 4-43 所示，单击"应用"按钮，得到一组椭圆形，效果如图 4-44 所示。

③ 选择"选择"工具 ▸，选择这组椭圆形，单击属性栏中的"合并"按钮 ⤴，将其合并成一个新的图形。选择"矩形"工具 ▢，绘制一个矩形，使用"选择"工具 ▸ 调整矩形的大小与位置，使其与上述合并后的图形部分重叠，效果如图 4-45 所示。

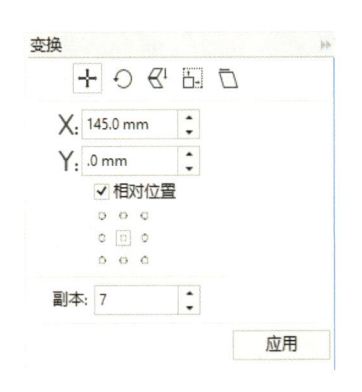

图 4-43　设置对象变换位置参数

图 4-44　一组椭圆形效果

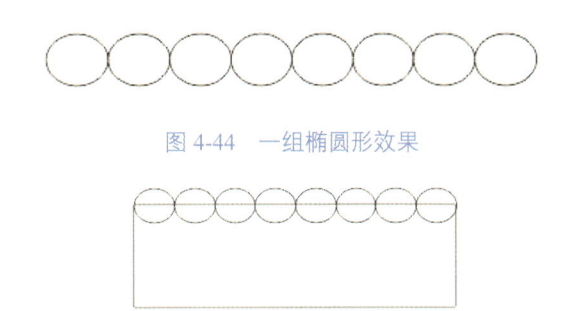

图 4-45　矩形与椭圆形叠放效果

④ 选择"选择"工具，选择这两个图形，单击属性栏中的"简化"按钮，修剪对象重叠的区域。选择"选择"工具，单击已合并的一组椭圆形，按"Delete"键将其删除。选择"选择"工具，单击修剪后的图形，设置其填充色为青色，无轮廓色，效果如图 4-46 所示。

⑤ 执行"对象"→"PowerClip"→"置于图文框内部"命令，单击背景矩形，把修剪后的图形置于矩形中。

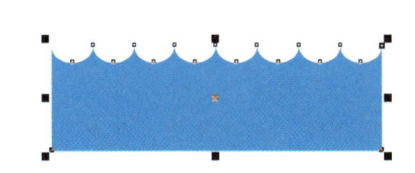

图 4-46　简化修剪效果

⑥ 执行"对象"→"PowerClip"→"编辑 PowerClip"命令，进入图框精确裁剪的编辑区，复制修剪后的图形两次，调整这 3 个图形的大小及位置，分别设置它们的填充色为青色、冰蓝色、青色，绘制出海浪的卡通图形，效果如图 4-47 所示；执行"对象"→"PowerClip"→"完成编辑 PowerClip"命令。

⑦ 绘制一组白色的正圆形。选择"椭圆形"工具，绘制一个填充色及轮廓色均为白色的正圆形，设置其宽度、高度均为 5mm。执行"对象"→"变换"→"位置"命令，在打开的位置面板中设置"X"选项的值为 50mm，副本为 20，单击"应用"按钮，得到一组水平放置的正圆形。选择"选择"工具，选择这组正圆形，复制一次，调整其位置，效果如图 4-48 所示。

图 4-47　海浪效果

图 4-48　两组白色的正圆形效果

⑧ 选择"选择"工具，选择上述所有的白色正圆形，在对象变换位置面板中设置"X"选项的值为 0mm，"Y"选项的值为-50mm，副本为 10，单击"应用"按钮，得到一组垂直放置的正圆形。

⑨ 选择"选择"工具，选择上述所有的白色正圆形，按快捷键"Ctrl+G"组合对象。执行"对象"→"PowerClip"→"置于图文框内部"命令，单击背景矩形，把组合对象置于背景矩形中。

⑩ 执行"对象"→"PowerClip"→"编辑 PowerClip"命令，进入图框精确裁剪的编辑区，选择上述组合对象，按快捷键"Shift+PgDn"，将其置于海浪的后面，效果如图 4-49 所示。执行"对象"→"PowerClip"→"完成编辑 PowerClip"命令。选择"透明度"工具，单击其属性栏中的"均匀透明度"按钮，设置透明度为 70%。

（3）导入素材。执行"文件"→"导入"命令，弹出"导入"对话框，选择正确的文件保存路径，选择素材"海岛""螃蟹""海星"，单击"导入"按钮，依次单击绘图区，导入多个素材，调整素材的大小与位置；选择"海岛"素材，单击属性栏中的"水平翻转"按钮，效果如图 4-50 所示。

（4）绘制气泡。选择"艺术笔"工具，单击属性栏中的"喷涂"按钮，设置类别为"其他"，设置喷射类型为，在绘图区中按所需路径绘制几组气泡图形，调整气泡的大小与位置，效果如图 4-51 所示。

图 4-49　海报背景效果　　　　图 4-50　导入素材效果　　　　图 4-51　气泡效果

（5）绘制带有阴影效果的广告词。

① 选择"文本"工具，设置字体为"华文琥珀"、字号为 190pt，在绘图区中单击，输入文本"浪漫海岸"，双击文本，进入对象倾斜与旋转编辑状态，如图 4-52 所示。拖动倾斜控制柄 ⇌ 倾斜文本，拖动旋转控制柄 旋转文本，设置文本的填充色与轮廓色均为绿色，效果如图 4-53 所示。

② 选择"浪漫海岸"文本，先按快捷键"Ctrl+C"，再按快捷键"Ctrl+V"，复制一份文本，设置文本的填充色为橘红色，轮廓色为白色，轮廓宽度为 1mm，叠放于绿色文本的下方，制作出阴影效果，如图 4-54 所示。

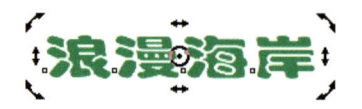

图 4-52　对象倾斜与旋转编辑状态　　　　图 4-53　文本倾斜与旋转效果　　　　图 4-54　文本阴影效果

③ 使用同样的方法，绘制带有阴影效果的"优惠酬宾"文本。

（6）绘制"海鸥"图形。

① 选择"钢笔"工具，绘制曲线，如图 4-55 所示。选择"形状"工具，拖动鼠标，选择图形的全部节点，单击属性栏中的"转换为曲线"按钮，将线条全部转换为曲线，拖动曲线的节点控制柄，绘制出"海鸥"图形，如图 4-56 所示。

图 4-55　绘制曲线　　　　图 4-56　修改曲线为"海鸥"图形

② 复制多个"海鸥"图形，调整它们的位置与大小，效果如图 4-57 所示。

（7）制作促销海报相关信息文本。

① 制作带有"粗点轮廓线"效果的活动时间相关信息文本。选择"文本"工具，设置字体为"华文琥珀"，输入文本"活动时间：2028 年 8 月 1 号至 5 号"，加大数字的字号。双击"轮廓笔"按钮，在弹出的对话框中设置颜色为（C：0；M：60；Y：100；K：0），宽度为 1mm，风格为"点线"，如图 4-58 所示，效果如图 4-59 所示。

图 4-57　多个"海鸥"图形效果

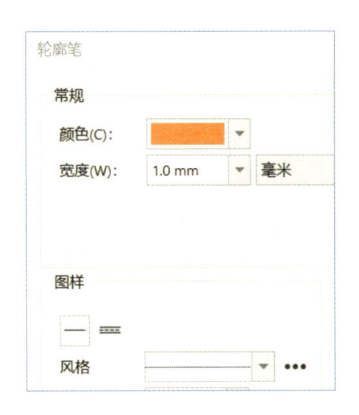

图 4-58　轮廓笔参数设置

图 4-59　粗点轮廓字效果

② 绘制装饰性矩形。选择"矩形"工具，绘制一个矩形，设置宽度为 753mm、高度为 148mm、填充色为无色、轮廓色为黄色，调整其位于上一步制作的文本下方，并设置其"水平居中"。执行"位图"→"转换为位图"命令，将其转换为位图。

③ 选择"文本"工具，设置字体为"微软雅黑"、字号为 60pt，输入报名热线电话、报名时间等文本信息，设置填充色为白色，无轮廓色。

④ 选择"文本"工具，设置字体为"微软雅黑"、字号为 48pt，输入承办单位相关信息，设置填充色为白色，无轮廓色。选择"形状"工具，增加字间距。

⑤ 选择"橡皮擦"工具，擦除矩形与气泡、文字重叠的部分，效果如图 4-60 所示。

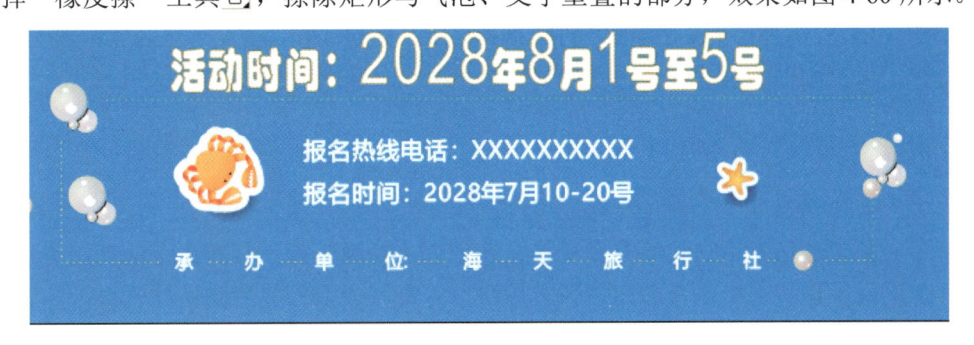

图 4-60　促销海报相关信息文本效果

（8）绘制"花朵"图形。

① 选择"常见的形状"工具，在属性栏中单击按钮，在弹出的下拉列表中选择水滴形状，在绘图区中绘制水滴，如图 4-61 所示。

② 按快捷键"Ctrl+Q"，或用鼠标右键单击水滴图形，在弹出的快捷菜单中选择"转换为曲线"命令；选择"形状"工具，调整节点，修改水滴形状，如图 4-62 所示。

③ 设置曲线的填充色和轮廓色均为（C：0；M：42；Y：82；K：0）。选择"网状填充"工具，在属性栏中设置网状填充的行数、列数均为 4，按住"Shift"键逐个选择节点，选中的节点呈现黑色标识，单击调色板中的淡黄色（C：0；M：0；Y：60；K：0）色块，填充效果如图 4-63 所示。使用同样的方法，选中如图 4-64 所示的红色曲线圈住的两个黑色节点，将其填充为白色。

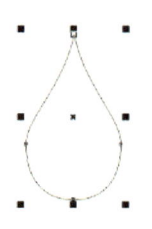

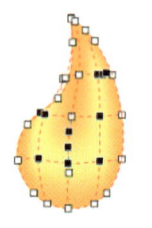

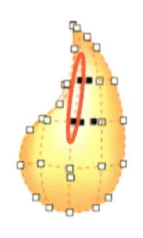

图 4-61 绘制水滴　　图 4-62 修改水滴形状　　图 4-63 淡黄色填充效果　　图 4-64 白色填充效果

④ 单击两次上面绘制的图形，拖动中心点到合适的位置；执行"对象"→"变换"→"旋转"命令，在打开的旋转面板中设置旋转角度为60°，副本为5，单击"应用"按钮，效果如图4-65所示。选中"花朵"图形，按快捷键"Ctrl+G"组合对象，然后复制两份，分别放置在合适的位置，最终效果如图4-66所示。

图 4-65 "花朵"图形效果　　图 4-66 旅游促销海报最终效果

（9）按快捷键"Ctrl+S"，弹出"保存绘图"对话框，选择保存的位置，输入文件名"浪漫海岸海报.cdr"，单击"保存"按钮，保存制作的源文件。按快捷键"Ctrl+E"，导出JPG文件。

项目总结

本项目讲解了对象智能填充、网状填充、变换、艺术笔、轮廓笔等工具和命令的使用方法。其中，智能填充可以给任意闭合区域设置轮廓色和填充色；网状填充可以依据设置的网格节点来创建富有艺术感的颜色填充效果；使用"变换"泊坞窗可以精确地移动对象、旋转对象、缩放对象、改变对象大小、缩放对象等；使用"艺术笔"工具绘制路径，可以产生较为独特的艺术效果，它与普通的路径绘制工具有着很大的区别；使用"轮廓笔"工具可以精确地设置轮廓的颜色、宽度、样式、端头形状等，从而美化图形的轮廓效果。

拓展练习

（1）使用"对象变换""智能填充""艺术笔"等工具和命令制作公益广告，效果如图4-67所示。
（2）导入素材，绘制柳叶，使用"对象变换""轮廓笔""网状填充"等工具和命令制作"荷花展"活动宣传海报，效果如图4-68所示。

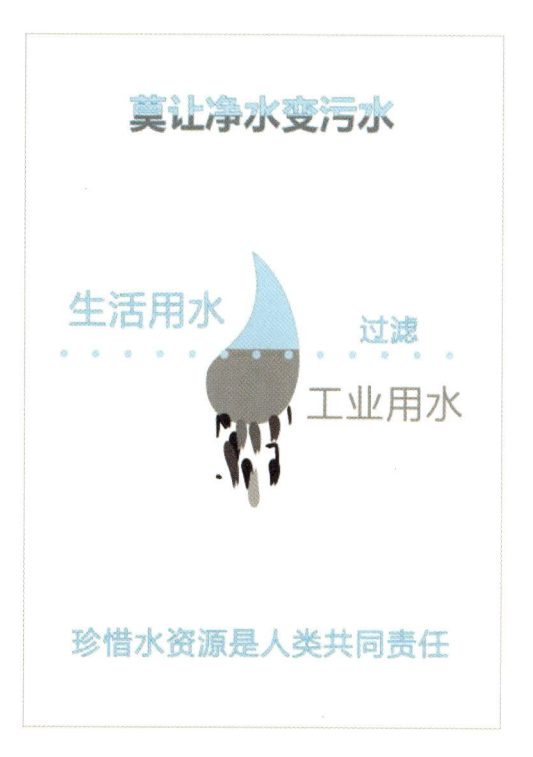

图 4-67 公益广告效果

图 4-68 "荷花展"活动宣传海报效果

（3）制作桂林旅游促销海报，效果如图 4-69 所示。

图 4-69 桂林旅游促销海报效果

项目 5

矢量图形效果——POP广告制作

项目导读

本项目通过制作 POP 广告，使读者了解 POP 广告的基本知识，学习"封套"工具、"轮廓图"工具、"立体化"工具和透视效果的基本知识与操作，对矢量图形进行编辑与调整。

POP 是英文 Point of Purchase 的缩写，意为"卖点广告"，其主要的商业用途是刺激、引导消费和活跃卖场气氛，如招牌、吊旗等，其表现形式夸张幽默，色彩强烈，造型突出，能有效地吸引顾客的视点，唤起其购买欲望。POP 广告作为一种低价高效的广告形式已经得到广泛应用。

学习目标

- 能使用"封套"工具使图形或文字产生变形效果。
- 能使用"轮廓图"工具给文字添加轮廓线。
- 能使用"立体化"工具制作出三维立体文字效果。
- 能制作简单的 POP 广告。
- 提升职业规范意识，培养创作能力。

项目任务

- 制作悬挂式 POP 广告。
- 制作柜台式 POP 广告。
- 制作吊旗式 POP 广告。

项目5 矢量图形效果——POP广告制作

知识技能

5.1 "封套"工具

使用"封套"工具 可以使图形或文字产生变形效果。该效果类似于印在橡皮上的图案，在扯动橡皮时图案会随之变化。

选择工具箱中的"封套"工具 ，选择需要制作封套效果的对象，此时对象四周出现一个封套控制框，拖动封套控制框上的节点，即可调整对象的外观。图 5-1 所示为文字变形效果。

图 5-1 文字变形效果

"封套"工具属性栏如图 5-2 所示。

图 5-2 "封套"工具属性栏

"封套"工具共有 4 种封套模式："直线模式" 、"单弧线模式" 、"双弧线模式" 、"非强制模式" 。其中，"非强制模式"为默认的封套模式。

属性栏中主要选项的含义如下。

（1）"直线模式" ：选择这种模式的封套，在调整时节点间以直线连接，从而产生变形效果。

（2）"单弧线模式" ：选择这种模式的封套，在调整时节点间以单弧线连接，从而产生变形效果。

（3）"双弧线模式" ：选择这种模式的封套，在调整时节点间以双弧线连接，从而产生变形效果。

（4）"非强制模式" ：前 3 种封套模式在调整时节点处都没有控制柄，而非强制模式在调整时节点处有控制柄，因而其调整的灵活性更大。4 种封套模式产生的效果示例如图 5-3 所示。

（a）直线模式　　　（b）单弧线模式　　　（c）双弧线模式　　　（d）非强制模式

图 5-3　4 种封套模式产生的效果示例

小技巧

在使用前 3 种封套模式时，按住"Ctrl"键，在调整一个节点时，可使相对的节点朝同一方向调整；按住"Shift"键，在调整一个节点时，可使相对的节点朝相反方向调整。

（5）"添加新封套" ：在给对象添加封套后，可以单击该按钮再次添加封套。

(6)"自由变形映射模式"：在其下拉列表中有水平、原始的、自由变形和垂直 4 种映射模式。

(7)"保留线条"：在激活状态下，单击该按钮可使图形中的直线路径不变形为曲线。

(8)"创建封套自"：单击该按钮，可以将绘图区中已有的封套效果复制到当前选择的对象上。

(9)"复制封套属性"：单击该按钮，可以将文档中另一个封套的属性应用到所选封套上。

(10)"清除封套"：单击该按钮，可以移除对象中的封套。

(11)"转换为曲线"：单击该按钮，可以将直线转换为曲线，之后就可以使用"形状"工具修改对象了。

5.2 "轮廓图"工具

轮廓图效果是指由一系列对称的同心轮廓线圈组合在一起所形成的具有深度感的效果。该效果类似于地图中的地势等高线，故也称等高线效果。使用"轮廓图"工具可以给对象添加轮廓图效果，这个对象可以是封闭的，也可以是开放的，还可以是美术字。与调和效果不同的是，轮廓图效果是由对象的轮廓向内或向外放射形成的层次效果，并且只需一个图形对象即可生成该效果。

在工具箱中选择"轮廓图"工具，将鼠标指针移动到对象的轮廓上，按住鼠标左键向内或向外拖动，释放鼠标左键后，即可创建对象的内部轮廓或外部轮廓。

"轮廓图"工具属性栏如图 5-4 所示。

图 5-4 "轮廓图"工具属性栏

属性栏中主要选项的含义如下。

(1)"到中心"：使图形的轮廓线从图形的外轮廓延伸到图形的中心，从而产生调和效果。

(2)"内部轮廓"：使图形的轮廓线从图形的外轮廓向内延伸，从而产生调和效果。

(3)"外部轮廓"：使图形的轮廓线从图形的外轮廓向外延伸，从而产生调和效果。

(4)"轮廓图步长"：用于设置轮廓扩展的个数，数值越大，产生的轮廓层次越多。

(5)"轮廓图偏移"：用于调整轮廓之间的距离，数值越大，轮廓之间的距离越大；反之，距离越小。

(6)"轮廓圆角"：用于设置轮廓图的角类型，在下拉列表中有"斜接角""圆角""斜切角"3 个选项。

(7)"轮廓色"：用于设置轮廓色的颜色渐变序列，在下拉列表中有"线性轮廓色""顺时针轮廓色""逆时针轮廓色"3 个选项。

(8)"轮廓色"：用于设置轮廓图中最后延展的轮廓颜色。

(9)"填充色"：用于设置对象的填充颜色。

(10)"对象和颜色加速"：用于调整轮廓中对象大小和颜色变化的速率。

操作方法为：选择"文本"工具，输入文本"守正创新"。选择"轮廓图"工具，在属性栏中单击"到中心"按钮，其他参数设置为 1、1.05 mm。将鼠标指针移动到文本上，按住鼠标左键向内拖动，释放鼠标左键后，即可创建文本的到中心轮廓效果，如图 5-5 所示。

选择文本对象，单击"外部轮廓"按钮，按住鼠标左键向外拖动，释放鼠标左键后，即可创建文本的外部轮廓效果，如图 5-6 所示。

图 5-5 到中心轮廓效果

图 5-6 外部轮廓效果

选择文本对象，设置轮廓图的角类型为圆角，外部轮廓，顺时针轮廓色，轮廓图偏移为 1.934mm，与上述操作方法一样，创建出如图 5-7 所示的效果。

图 5-7 圆角外部顺时针轮廓色效果

5.3 "立体化"工具

立体化效果是指利用三维空间的立体旋转和光源照射的功能，为对象添加产生明暗变化的阴影，从而制作出逼真的三维立体效果。

使用"立体化"工具可以使二维的图形产生三维的效果，并且可以编辑立体化的方向、深度及光照的方向等。

"立体化"工具属性栏如图 5-8 所示。

图 5-8 "立体化"工具属性栏

属性栏中主要选项的含义如下。

（1）"预设"：这是 CorelDRAW 自带的立体化样式。单击下拉按钮，在弹出的下拉列表中选择任意一种样式，可以产生相应的立体化效果，如图 5-9 所示。

（2）"立体化类型"：CorelDRAW 提供了 6 种立体化类型，包括"小后端""小前端""大后端""大前端""后部平行""前部平行"，如图 5-10 所示。

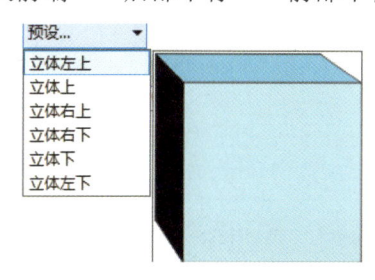

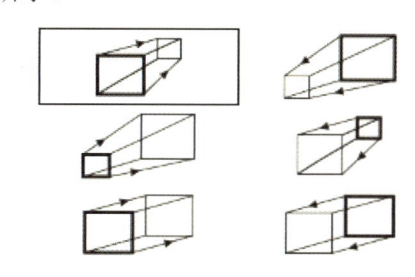

图 5-9 "预设"下拉列表

图 5-10 立体化类型

（3）"深度"：用于设置立体化效果的深度，数值越大，深度越深。

（4）"灭点坐标"：用于设置立体化图形的透视灭点坐标。

（5）"灭点属性"：在下拉列表中有"灭点锁定到对象""灭点锁定到页面""复制灭点，自""共享灭点"4 个选项。

① "灭点锁定到对象"选项：选择该选项，当移动图形时，灭点和立体化效果将会随图形的移动而移动。

② "灭点锁定到页面"选项：选择该选项，图形的灭点将会被锁定到页面上，当移动图形时，灭点将会保持不变。

③ "复制灭点，自"选项：选择该选项，鼠标指针将会变为圆形，可以将一个矢量立体化图形的灭点复制给另一个矢量立体化图形。

④ "共享灭点"选项：选择该选项，可以使多个图形共用一个灭点。

（6）"立体化旋转"：单击该按钮，会弹出立体化旋转对话框，如图5-11所示。将鼠标指针移动到该对话框中，当鼠标指针变为手形符号时，按住鼠标左键并拖动，即可调节绘图区中立体化图形的视图角度，如图5-12所示。单击 按钮，将切换到如图5-13所示的状态，输入数值即可精确控制旋转的角度。

图5-11 立体化旋转对话框（1）　　图5-12 立体化旋转对话框（2）　　图5-13 立体化旋转对话框（3）

（7）"立体化颜色"：单击该按钮，会弹出立体化颜色设置对话框，如图5-14所示，可设置立体化图形颜色的填充方式和填充颜色。

（8）"立体化倾斜"：单击该按钮，会弹出立体化倾斜设置对话框，如图5-15所示，可设置立体化图形的边缘，进行斜角修饰等。

（9）"立体化照明"：单击该按钮，会弹出立体化照明设置对话框，如图5-16所示，可对立体化图形使用光照效果。

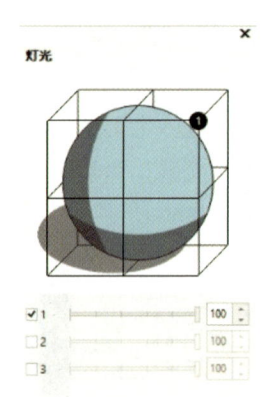

图5-14 立体化颜色设置对话框　　图5-15 立体化倾斜设置对话框　　图5-16 立体化照明设置对话框

操作方法为：选择"文本"工具，输入文本"立体效果"。选择"立体化"工具，按住鼠标左键并拖动鼠标，即可产生立体化效果，拖动黑色箭头下的×图标可调整倾斜方向；单击"立体化照明"按钮，勾选"1""2""3"复选框，可增加3个灯光，调整灯光的位置可产生不同的立体化效果，如图5-17所示。

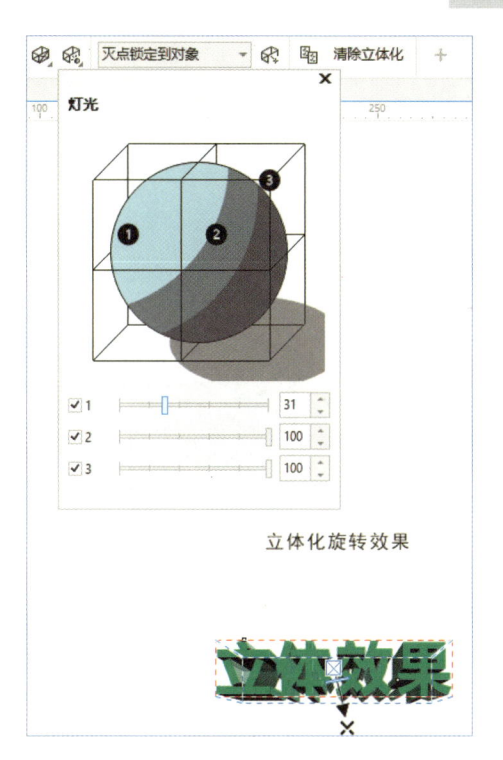

图 5-17　设置文本立体化效果

5.4 透视效果

利用透视功能，可以为对象设置透视效果。

操作方法如下：

（1）选择需要设置透视效果的文本，执行"对象"→"透视点"→"添加透视"命令，文本的透视效果如图 5-18 所示。

（2）在矩形控制框 4 个角的锚点处拖动鼠标，可以调整透视角度和方向，效果如图 5-19 所示。

（3）执行"对象"→"透视点"→"清除透视"命令，可以取消透视效果，如图 5-20 所示。

图 5-18　文本的透视效果　　　　　　图 5-19　调整透视角度和方向

图 5-20　取消透视效果

项目实施

任务1 制作悬挂式 POP 广告

任务展示

任务分析

水星族是一家专业从事婴幼儿用品销售的企业，拥有线上、线下两个服务平台。设计人员采用一对以黄色、蓝色为主色调的吊旗进行搭配，采用卡通鱼形旗状图案，可爱、灵动，容易吸引消费者的眼球。卡通鱼形旗状图案间接体现"水"字，图形正中间的英文"star"直接体现"星"字，Logo 体现了水与星的融合，整个 POP 广告给人一种灵动、可爱、活泼的感觉，易识别，具有极强的宣传效果。

本任务主要使用"轮廓图""封套""贝塞尔""手绘"等工具来完成。

任务实施

（1）启动 CorelDRAW 2021，单击"新建"按钮新建文档，在属性栏中设置"自定义"纸张，宽度为 300mm，高度为 160mm。

（2）选择"矩形"工具，设置填充色为黄色（C：7；M：4；Y：75；K：0），绘制一个宽度和高度均为 90mm 的矩形；选择"椭圆形"工具，绘制一个宽度和高度均为 90mm 的椭圆形，并且与矩形相切，如图 5-21 所示。选择绘制的矩形和椭圆形，单击"焊接"按钮，将它们焊接在一起。

（3）选择"贝塞尔"工具，在矩形的上方绘制鱼的形状；选择"形状"工具，调整节点的弯曲度；选择"手绘"工具，绘制鱼尾和鱼鳞，效果如图 5-22 所示。选择"椭圆形"工具，设置填充色为黑色，无轮廓色，绘制鱼眼，效果如图 5-23 所示。

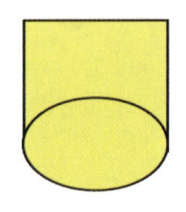

图 5-21　绘制相切的矩形与椭圆形　　　图 5-22　绘制鱼尾和鱼鳞　　　图 5-23　绘制鱼眼

（4）选择"文本"工具，设置字体为"Clarendon Blk BT"，字号为 50pt，颜色为青绿色（C：50；M：0；Y：60；K：0），输入英文"star"。

（5）选择"封套"工具，拖动文字四周的锚点，使得文字中间变大。

（6）选择"轮廓图"工具，单击"外部轮廓"按钮，设置轮廓图步长为 2，轮廓图偏移为 2.025mm，填充色为深栗色（C：80；M：90；Y：90；K：76），线性轮廓色，如图5-24所示，文字效果如图5-25所示。

图5-24 轮廓图参数设置

图5-25 "star"文字效果

（7）选择"文本"工具，设置字体为"华文琥珀"，字号为24pt，颜色为白色（C：0；M：0；Y：0；K：0），输入文字"水星族"。

（8）选择"轮廓图"工具，单击"外部轮廓"按钮，设置轮廓图步长为1，轮廓图偏移为1.514mm，填充色为蓝色（C：93；M：71；Y：0；K：0），线性轮廓色，文字效果如图5-26所示。

图5-26 "水星族"文字效果

（9）选择"文本"工具，设置字体为"华文琥珀"，字号为18pt，颜色为白色（C：0；M：0；Y：0；K：0），输入文字"第六家旗舰店盛大开业"。

（10）选择"封套"工具，拖动文字中间的节点，使得文字中间下弯。

（11）选择"轮廓图"工具，单击"外部轮廓"按钮，设置轮廓图步长为1，轮廓图偏移为1.514mm，填充色为蓝色（C：93；M：71；Y：0；K：0），线性轮廓色，文字效果如图5-27所示。

图5-27 "第六家旗舰店盛大开业"文字效果

（12）选择"艺术笔"工具，设置颜色为白色，笔头参数设置如图5-28所示，绘制一条曲线。

图5-28 "艺术笔"笔头参数设置

（13）选择"星形"工具，设置"轮廓"为无，分别绘制紫色和黄色的五角星。

（14）选择"立体化"工具，设置"深度"为15，"立体化照明"选择"光源2"，如图5-29所示，"星"整体效果如图5-30所示。

图5-29 "立体化"参数设置

（15）选择"椭圆形"工具，设置填充色为白色，无轮廓色，绘制两个椭圆形，分别将其放置在鱼眼和鱼尾处，效果如图5-31所示。

图 5-30 "星"整体效果　　　　　　　　　　　图 5-31 绘制两个椭圆形

（16）执行"编辑"→"再制"命令，调整好位置，填充水湖蓝色（C：62；M：0；Y：70；K：0）。

（17）执行"文件"→"保存"命令或按快捷键"Ctrl+S"，弹出"保存绘图"对话框，选择保存的位置，输入文件名"悬挂式POP广告"，保存类型为默认的"CDR-CorelDRAW"，单击"保存"按钮，保存制作的源文件。

（18）执行"文件"→"导出"命令或按快捷键"Ctrl+E"，导出JPG文件，命名为"悬挂式POP广告.jpg"。

任务 2　制作柜台式 POP 广告

任务展示

任务分析

设计人员以浅绿色和浅橘色为背景，整体设计大方、新颖，文字与图形搭配协调，"招牌牛肉饭"重点突出，"劲爆低价"能吸引更多的年轻人，具有较强的宣传效果。

本任务主要使用"矩形"工具绘制出海报的轮廓图，使用"文本"工具、"交互式填充"工具添加相应的文本及渐变填充，从而得到海报的整体效果。

任务实施

（1）启动 CorelDRAW 2021，单击"新建"按钮新建文档，在属性栏中设置"自定义"纸张，宽度为 210mm，高度为 297mm。

（2）选择"矩形"工具，绘制一个矩形，将其填充为绿色（C：80；M：30；Y：100；K：0），无轮廓色；按快捷键"Ctrl+D"再制一个矩形，将其填充为浅绿色（C：60；M：0；Y：70；K：0），选中该矩形，逆时针旋转 10°，并调整好位置，效果如图 5-32 所示。

（3）执行"对象"→"图框精确裁剪"→"置于图文框内部"命令，将旋转后的矩形置于图文框内部，效果如图 5-33 所示。

（4）选择"钢笔"工具，绘制一个封闭图形。选择"交互式填充"工具，在属性栏中单击"渐变填充"按钮，单击属性栏右侧的"编辑填充"按钮，打开"编辑填充"对话框，编辑一个从橘黄色（C：0；M：40；Y：100；K：0）到白色（C：0；M：0；Y：0；K：0）的线性渐变，单击"确定"按钮，为封闭图形填充渐变颜色，效果如图 5-34 所示。

图 5-32　绘制矩形　　　　图 5-33　矩形裁剪效果　　　　图 5-34　为封闭图形填充渐变颜色

（5）将封闭图形放置到矩形上，调整至合适的位置和大小。选择"阴影"工具，设置阴影的"不透明度"为 60%，"阴影羽化"为 5，"羽化方向"为向外，如图 5-35 所示。

（6）执行"对象"→"图框精确裁剪"→"置于图文框内部"命令，将封闭图形置于背景矩形中，效果如图 5-36 所示。

图 5-35　"阴影"参数设置　　　　图 5-36　封闭图形裁剪效果

（7）选择"贝塞尔"工具，绘制一个封闭图形，将其填充为黑色，无轮廓色。按快捷键"Ctrl+D"将封闭图形再制多份，分别填充白色（C：0；M：0；Y：0；K：0）和春绿色（C：60；M：0；Y：60；K：20），通过"选择"工具来调整形状、大小、排列顺序，按快捷键"Ctrl+G"将图形全部组合在一起，效果如图 5-37 所示。

（8）选择"椭圆形"工具，按住"Ctrl"键绘制一个正圆形，填充从橘黄色（C：0；M：40；Y：95；K：0）到白色（C：0；M：0；Y：0；K：0）的线性渐变颜色，效果如图 5-38 所示。

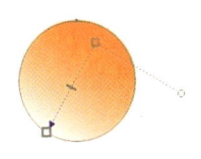

图 5-37　多个封闭图形组合效果　　　　图 5-38　绘制正圆形并填充线性渐变颜色

（9）选择"钢笔"工具，从正圆形的中心点开始，绘制一个三角形，并为三角形填充从淡黄色（C：0；M：0；Y：30；K：0）到白色（C：0；M：0；Y：0；K：0）的线性渐变颜色，效果如图 5-39 所示。

图 5-39　绘制三角形并填充线性渐变颜色

(10) 选择三角形，执行"对象"→"变换"→"旋转"命令，打开旋转面板，设置旋转角度为24°，"相对中心"为左下角，"副本"为14，如图5-40所示。单击"应用"按钮，旋转复制效果如图5-41所示。

(11) 选择"阴影"工具，设置阴影的"不透明度"为60%，"阴影羽化"为5，"羽化方向"为向外，设置完成后，封闭图形的阴影，效果如图5-42所示。选择组合后的图形，执行"对象"→"图框精确裁剪"→"置于图文框内部"命令，将图形置于矩形背景中，至此，完成海报背景的制作，效果如图5-43所示。

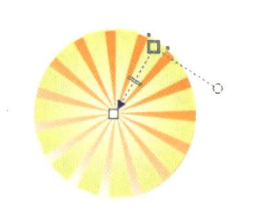

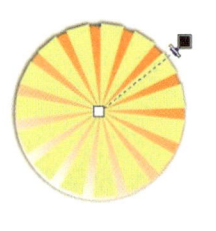

图 5-40　旋转参数设置　　图 5-41　旋转复制效果　　图 5-42　图形阴影　　图 5-43　海报背景效果

(12) 选择"椭圆形"工具，按住"Ctrl"键绘制一个正圆形，将其填充为土黄色（C：0；M：35；Y：90；K：25），在属性栏中设置轮廓宽度为0.25mm，轮廓色为暗红色（C：45；M：100；Y：100；K：25）；选择"轮廓图"工具，设置轮廓图步长为1，轮廓图偏移为1.5mm，外部轮廓，轮廓色为浅黄色，填充色为黑色，参数设置如图5-44所示，效果如图5-45所示。

图 5-44　"轮廓图"工具参数设置　　　　　　　　　　图 5-45　正圆形效果

(13) 选择"文本"工具，输入英文"DOGU"，设置字体为"Cooper Std Black"，将其填充为白色。选择工具箱中的"轮廓笔"工具，打开"轮廓笔"对话框，设置颜色为黑色（C：0；M：0；Y：0；K：100），宽度为0.5mm，单击"确定"按钮。

(14) 选择字母，执行"对象"→"拆分美术字"命令，将其拆分。选择拆分后的字母，分别旋转不同的角度，并调整字母的位置和大小，效果如图5-46所示。按快捷键"Ctrl+G"将字母组合在一起。

(15) 选择"标题形状"工具，绘制形状；输入文字"嘟咕牛肉饭"，设置字体为"微软雅黑"、字号为10pt、颜色为暗红色（C：47；M：100；Y：100；K：24）；按快捷键"Ctrl+G"将形状和文字组合在一起，并旋转6°，效果如图5-47所示。将组合后的图形放置在正圆形上面，调整至合适的位置和大小。

图 5-46　文字效果（1）　　　　　　　　　　图 5-47　形状和文字布局效果

(16) 执行"文件"→"导入"命令，弹出"导入"对话框，选择"牛.png"素材文件，单击"导入"按钮。

(17) 选择"选择"工具，将素材调整至合适的位置和大小，制作的标识效果如图5-48所示。

(18) 执行"文件"→"导入"命令，弹出"导入"对话框，选择"牛肉饭.png"素材文件，单击"导入"按钮；按快捷键"Ctrl+D"再制一个；选择"选择"工具，调整素材的位置和大小；执行"对象"→"图框精确裁剪"→"置于图文框内部"命令，将素材置于矩形背景中，效果如图 5-49 所示。

图 5-48　标识效果　　　　　　　　　　　　　图 5-49　素材裁剪效果

（19）选择"文本"工具，输入文字"招牌牛肉饭"，设置字体为"微软雅黑，粗体"，字号为36pt，颜色为橘黄色（C：0；M：35；Y：95；K：0）。选择文字，执行"对象"→"拆分美术字"命令，将其拆分。选择文字"招"，调整其大小为48pt，旋转10°。选择文字"牌"，调整其大小为48pt，调整好位置。选择这 5 个文字，按快捷键"Ctrl+G"进行组合。

（20）选择"轮廓图"工具，打开"轮廓图"工具属性栏，设置轮廓色为白色（C：0；M：0；Y：0；K：0），轮廓宽度为0.9mm，如图 5-50 所示。文字效果如图 5-51 所示。

图 5-50　"轮廓图"工具参数设置（1）　　　　　图 5-51　文字效果（2）

（21）选择"文本"工具，输入文字"劲爆低价"，设置字体为"微软雅黑，粗体"，字号为24pt，颜色为浅黄色（C：7；M：0；Y：54；K：0）。选择文字，设置"爆"字的字号为36pt，颜色为橘黄色（C：0；M：35；Y：95；K：0）。选择"轮廓图"工具，打开"轮廓图"工具属性栏，设置轮廓色为墨绿色（C：100；M：55；Y：100；K：34），轮廓宽度为0.8mm，单击"确定"按钮，如图 5-52 所示。文字效果如图 5-53 所示。

图 5-52　"轮廓图"工具参数设置（2）　　　　　图 5-53　文字效果（3）

（22）选择"文本"工具，输入文字"黑椒牛肉饭"，设置字体为"微软雅黑，粗体"，字号为58pt，颜色为浅黄色（C：7；M：0；Y：54；K：0）。选择工具箱中的"轮廓笔"工具，或按"F12"键，打开"轮廓笔"对话框，设置颜色为墨绿色（C：100；M：55；Y：100；K：34），宽度为0.8mm，单击"确定"按钮。选择工具箱中的"阴影"工具，拖出阴影。文字效果如图 5-54 所示。

图 5-54　文字效果（4）

（23）选择"文本"工具，输入文字"套餐包含开胃小菜和橙汁"，设置字体为"微软雅黑"，颜色为深绿色（C：91；M：67；Y：100；K：57），将其放置到文字"黑椒牛肉饭"的下方，并调整至合适的位置和大小。

（24）选择"标注形状"工具，设置填充色为墨绿色（C：100；M：55；Y：100；K：34），轮廓宽度为 0.2mm，绘制形状，如图 5-55 所示。先执行"对象"→"转换为曲线"命令，再执行"对象"→"拆分曲线"命令将形状拆分，删除小圆形，如图 5-56 所示。

（25）按快捷键"Ctrl+D"再制一个形状，设置填充色为浅黄色（C：7；M：0；Y：50；K：0），无轮廓色，并调整其大小和排列顺序，效果如图 5-57 所示。

（26）选择"混合"工具 ，设置"调和对象"为 2，拖动鼠标产生调和效果，如图 5-58 所示。按快捷键"Ctrl+G"将其组合在一起。

图 5-55　绘制标注形状　　　图 5-56　删除小圆形　　　图 5-57　两个形状排列效果　　　图 5-58　调和效果

（27）选择"矩形"工具 ，在属性栏中设置圆角半径为 30mm，填充色为淡黄色（C：0；M：0；Y：20；K：0），轮廓宽度为 0.2mm，绘制一个圆角矩形。将圆角矩形复制一份，调整至合适的大小，设置填充色为洋红色（C：0；M：100；Y：0；K：0），去掉轮廓线，将其放置在淡黄色圆角矩形上，并调整至合适的位置，效果如图 5-59 所示。

（28）选择"文本"工具 ，输入文字"活动时间 6 月 10 日-30 日"，设置字体为"微软雅黑，粗体"，颜色为白色（C：0；M：0；Y：0；K：0），将其放置在圆角矩形上，并调整至合适的位置和大小，效果如图 5-60 所示。将圆角矩形全部选中并进行组合。

图 5-59　两个圆角矩形叠放效果　　　图 5-60　文字效果（5）

（29）选择"文本"工具 ，输入文字"特价 16.8 元"，设置字体为"微软雅黑，粗体"，颜色为黑色（C：0；M：0；Y：0；K：100）。执行"对象"→"拆分美术字"命令，将文字拆分。

（30）选择拆分后的文字"特价"，调整其位置和大小；选择"16.8"，设置字体为"Impact"，放置在文字"特价"与"元"中间，并调整至合适的大小，效果如图 5-61 所示。

图 5-61　文字效果（6）

（31）选择"文本"工具 ，输入文字"原价：22.8 元"，设置字体为"微软雅黑"，颜色为深绿色（C：91；M：67；Y：100；K：57）。

（32）选择"艺术笔"工具 ，设置"喷涂"艺术笔，"类别"选择"食物"，在喷涂列表中选择酒杯系列，"喷涂顺序"选择"顺序"，绘制形状，参数设置如图 5-62 所示。执行"对象"→"拆分艺术笔"命令，将形状拆分，删除多余的形状，只保留其中一个，再复制一个，调整其位置和大小，效果如图 5-63 所示。

（33）选择"矩形"工具 ，设置轮廓宽度为"无"，设置填充色为 30%黑色（C：0；M：0；Y：0；K：30），绘制一个矩形，调整其大小。执行"对象"→"变换"→"倾斜"命令，将矩形水平倾斜-5°，参数设置如图 5-64 所示。执行"对象"→"顺序"→"到页面背面"命令，调整其位置，至此，完成柜台式 POP 广告的设计，最终效果如图 5-65 所示。

图 5-62 "喷涂"艺术笔参数设置

图 5-63 酒杯效果

图 5-64 倾斜参数设置

图 5-65 柜台式 POP 广告最终效果

任务 3　制作吊旗式 POP 广告

任务展示

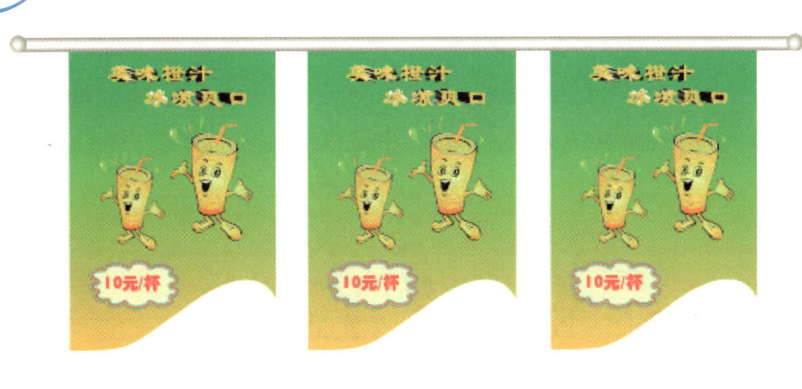

任务分析

在制作吊旗式 POP 广告时，设计人员采用直接突出展现的方式，把橙汁拟人化来突出广告重心，使用从果绿色到橘色的渐变色填充吊旗式 POP 广告的背景；整体色彩搭配和谐，给人一种清凉一夏的感觉；以红色调突出价格，让人清晰地知道商品的价位，具有较强的宣传效果。

本任务主要使用"立体化""轮廓图""标注形状"等工具来完成。

任务实施

（1）启动 CorelDRAW 2021，单击"新建"按钮新建文档，在属性栏中设置"自定义"纸张，宽度为 300mm，高度为 150mm。

（2）选择"矩形"工具，绘制一个矩形，如图 5-66 所示。执行"对象"→"转换为曲线"命令，选择"形状"工具对图形进行调整，效果如图 5-67 所示。

（3）选择"钢笔"工具，先在图形的底边添加一个节点，然后对图形进行调整，效果如图 5-68 所示。

（4）将底边的节点全部选中，单击属性栏中的"转换为曲线"按钮，对图形进行调整，效果如图5-69所示。

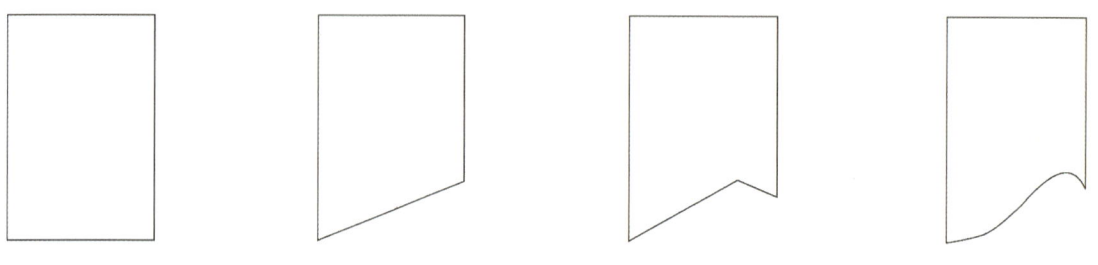

图5-66 绘制一个矩形　　图5-67 调整效果（1）　　图5-68 调整效果（2）　　图5-69 调整效果（3）

图5-70 线性渐变填充效果

（5）选择"交互式填充"工具，在编辑填充对话框中设置渐变类型为线性，角度为-90°，颜色为从果绿色（C：27；M：0；Y：39；K：0）到橘色（C：3；M：1；Y：38；K：0）的渐变色，填充效果如图5-70所示。

（6）执行"文件"→"导入"命令，在弹出的"导入"对话框中选择"橙汁.jpg"文件导入。

（7）选择"选择"工具，调整图片的大小及位置。执行"位图"→"轮廓描摹"→"剪贴画"命令，参数设置如图5-71所示，设置完成后单击"确定"按钮。

图5-71 "剪贴画"参数设置

（8）选择"文本"工具，设置字体为"隶书"，字号为24pt，颜色为橘黄色（C：0；M：15；Y：76；K：0），输入文字"美味橙汁，冰凉爽口"。

（9）选择"立体化"工具，设置深度为20，立体化颜色为从橘黄色（C：0；M：15；Y：76；K：0）到浅冰蓝色（C：4；M：0；Y：0；K：0）的渐变色，立体化照明为光源1，如图5-72所示。

（10）选择"轮廓图"工具，单击"外部轮廓"按钮，设置轮廓图步长为1，轮廓图偏移为0.1mm，填充色为浅黄色，效果如图5-73所示。

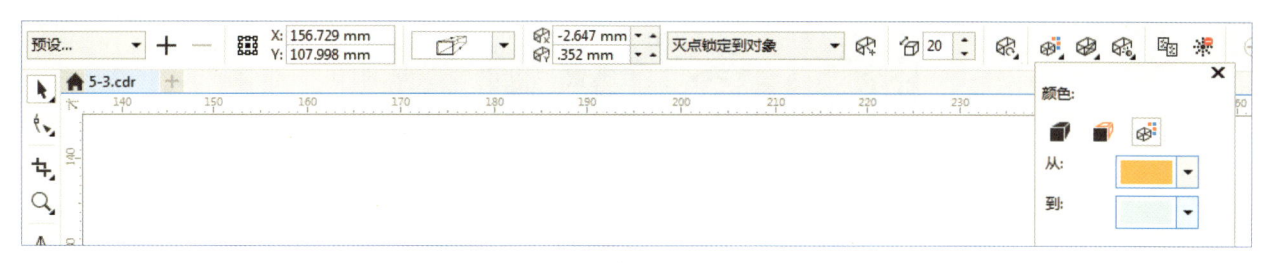

图 5-72 "立体化"参数设置

图 5-73 文字效果（1）

（11）选择"标注形状"工具，绘制形状，如图 5-74 所示，单击"拆分"按钮或按快捷键"Ctrl+Q"将其拆分，删除左上角的 3 个小圆形。

（12）选择"轮廓图"工具，单击"内部轮廓"按钮，设置轮廓图步长为 1，轮廓图偏移为 1.6mm，填充色为浅黄色。选择"文本"工具，设置字体为"华文琥珀"，字号为 12pt，颜色为西瓜红（C：0；M：36；Y：16；K：0），输入文字"10 元/杯"，效果如图 5-75 所示。

图 5-74 绘制标注形状

图 5-75 文字效果（2）

（13）先执行"对象"→"组合"命令，再执行"编辑"→"再制"命令，再制两个相同的吊旗。

（14）执行"文件"→"保存"命令或按快捷键"Ctrl+S"，弹出"保存绘图"对话框，选择保存的位置，输入文件名"吊旗式 POP 广告"，保存类型为默认的"CDR-CorelDRAW"，单击"保存"按钮，保存制作的源文件。

（15）执行"文件"→"导出"命令或按快捷键"Ctrl+E"，导出 JPG 文件，命名为"吊旗式 POP 广告.jpg"。

项目总结

本项目制作了 3 种不同样式的 POP 广告，设计人员要在设计前做好相关调查与分析工作，明确图形、文字、颜色等所表达的意义和情感。通过完成本项目，读者学习了 CorelDRAW 中交互式工具的使用方法，即"混合"工具、"轮廓图"工具、"变形"工具、"阴影"工具、"封套"工具、"立体化"工具的使用方法。

拓展练习

（1）使用"钢笔""文本""立体化""封套""轮廓图"等工具和命令，制作柜台式"三月三"宣传 POP 广告，效果如图 5-76 所示。

图 5-76 柜台式"三月三"宣传 POP 广告效果

（2）使用"交互式填充""轮廓图""立体化""混合"等工具和命令，制作"星星科技"的吊旗式 POP 广告，效果如图 5-77 所示。

图 5-77 "星星科技"的吊旗式 POP 广告效果

（3）使用"立体化""轮廓图""艺术笔"等工具和命令，制作"音乐手机"的柜台式 POP 广告，效果如图 5-78 所示。

图 5-78 "音乐手机"的柜台式 POP 广告效果

项目 6

矢量图形效果——艺术字及台历制作

项目导读

矢量图形效果的编辑与调整通常用到的工具有"艺术笔"工具、"混合"工具、"阴影"工具、"轮廓图"工具、"封套"工具、"立体化"工具、"透明度"工具等。通过项目5的学习,读者已经掌握了部分矢量图形效果的编辑与调整操作。本项目通过制作艺术字和台历,使读者了解台历的相关知识,学习"阴影"工具、"变形"工具、"混合"工具、"块阴影"工具及"透明度"工具的基本知识与操作方法。

台历不仅是一个记录日期的工具,还是一个展示企业形象和精神面貌的窗口。无论是工作、学习还是生活,时间与每个人密不可分,学会掌握时间的人往往能保持充沛的精力,将工作、学习、生活安排得井然有序。正因如此,各式各样的台历才遍布人们的生活中。在台历设计中要注意色彩的应用,不同的色彩会给人带来不同的感受。面对不同的色彩,人们会产生冷暖、明暗、轻重、强弱、远近、快慢等不同的心理反应。

学习目标

- 能使用"阴影"工具做出文字的阴影效果。
- 能使用"变形"工具做出文字的变形效果。
- 能使用"混合"工具做出图案的调和效果。
- 能使用"透明度"工具做出图案的半透明效果。
- 能使用"块阴影"工具做出文字的立体阴影效果。
- 能制作简单的艺术字和台历。
- 能应用色彩表达情感,增强设计意识。

项目任务

- 制作艺术字。
- 制作台历封面。
- 制作台历内页。

知识技能

6.1 "阴影"工具

使用"阴影"工具可以为对象添加投影效果。操作的对象可以是矢量图形、文字和位图等,可以编辑阴影的颜色、位置及方向等。

"阴影"工具属性栏如图 6-1 所示。

图 6-1 "阴影"工具属性栏

属性栏中主要选项的含义如下。

(1)"阴影偏移":用于设置阴影和对象之间的距离。

(2)"阴影角度":用于设置阴影的角度,数值范围为-360°～360°。

(3)"阴影延伸":用于调整阴影的长度。

(4)"阴影淡出":用于调整阴影边缘的淡出程度。

(5)"阴影的不透明度":用于设置阴影的不透明度,数值范围为 0%～100%。

(6)"阴影羽化":用于锐化或柔化阴影边缘,数值越大,羽化效果越明显,阴影越模糊。

(7)"羽化方向":用于向阴影内部、外部或同时向内部和外部锐化或柔化阴影边缘。单击该按钮,弹出如图 6-2 所示的下拉列表。

(8)"阴影颜色":用于设置阴影的颜色。

操作方法如下:

(1)选择"星形"工具,设置边数为 15,锐度为 30,轮廓宽度为"无",填充色为红色(C:0;M:100;Y:100;K:0),拖动鼠标绘制星形。选择"变形"工具中的"扭曲变形"方式,设置旋转角度为 90°，效果如图 6-3 所示。

图 6-2　"羽化方向"下拉列表

图 6-3　扭曲变形效果

（2）选择"椭圆形"工具，绘制一个正圆形，设置填充色为黄色，按快捷键"Ctrl+G"进行组合。选择"阴影"工具，设置阴影颜色为橘黄色，阴影的不透明度为 50%，阴影羽化为 15，如图 6-4 所示，拖动鼠标创建阴影效果，如图 6-5 所示。

图 6-4　"阴影"参数设置

图 6-5　阴影效果

6.2 "变形"工具

使用"变形"工具可以为对象添加各种变形效果，并且在变形过程中对象都保持着矢量特性。CorelDRAW 2021 提供了 3 种变形方式：推拉变形、拉链变形、扭曲变形。

1. 推拉变形

使用推拉变形方式可以通过向图形的中心或外部推拉使图形产生变形效果。推拉的方向、位置不同，产生的变形效果也不同。单击"推拉变形"按钮，其属性栏如图 6-6 所示。

图 6-6　推拉变形方式下的属性栏

属性栏中主要选项的含义如下。

（1）"添加新的变形"：可以对已经产生变形效果的图形再次进行变形。
（2）"推拉失真振幅"：用于设置图形推拉变形的振幅大小。
（3）"中心变形"：可以使图形以其中心位置为变形中心进行变形。
（4）"转换为曲线"：可以将变形后的图形转换为曲线，使用"形状"工具进行进一步调整。

2. 拉链变形

使用拉链变形方式可以使图形产生带有尖锐锯齿状的变形效果。单击"拉链变形"按钮，其属性栏如图 6-7 所示。

图 6-7　拉链变形方式下的属性栏

属性栏中主要选项的含义如下。

（1）"拉链失真振幅" ∾ 42 ：用于控制图形的拉链变形幅度，数值范围为 0~100。

（2）"拉链失真频率" ∽ 5 ：用于控制图形的变形频率，数值范围为 0~100，数值越大，变形失真效果越明显。

（3）"随机变形" ：可以使图形产生随机的变形效果。

（4）"平滑变形" ：可以使变形效果在尖锐处平滑。

（5）"局部变形" ：可以使图形产生局部变形效果。

3. 扭曲变形

使用扭曲变形方式可以使图形产生旋转扭曲的效果。单击"扭曲变形"按钮 ，其属性栏如图 6-8 所示。

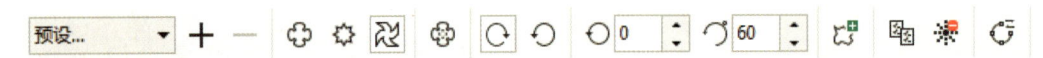

图 6-8 扭曲变形方式下的属性栏

属性栏中主要选项的含义如下。

（1）"顺时针旋转" ：可以使图形的扭曲变形为顺时针方向旋转。

（2）"逆时针旋转" ：可以使图形的扭曲变形为逆时针方向旋转。

（3）"完全旋转" 0 ：用于控制图形绕旋转中心旋转的圈数，数值越大，旋转的圈数越多。

（4）"附加角度" 60 ：用于控制图形扭曲变形旋转的角度，数值范围为 0°~359°。

操作方法为：选择"变形"工具 中的不同变形方式，拖动鼠标可以产生不同的变形效果，如图 6-9 所示。选择"变形"工具 中的扭曲变形方式，设置不同的参数，可以得到不同的扭曲变形效果，如图 6-10 所示。

图 6-9 各种变形效果对比　　　　　图 6-10 不同扭曲变形效果对比

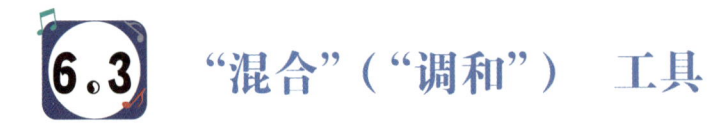

6.3 "混合"（"调和"）工具

CorelDRAW 可以对两个（或多个）图形进行调和，即通过形状和颜色的改变使一个图形渐变为另一个图形，并形成一系列中间图形，从而形成图形渐进变化的叠影。在低版本的软件中，实现该功能的工具的名称是"调和"，而在 CorelDRAW 2021 中该工具被称为"混合"。

"混合"工具属性栏如图 6-11 所示。

图 6-11 "混合"工具属性栏

属性栏中主要选项的含义如下。

（1）"预设"下拉列表 预设... ：单击下拉按钮，在弹出的下拉列表中选择任意一种样式，可以使选择的两个图形产生渐变调和效果，如图6-12所示。

（2）"添加预设"按钮 ＋：单击该按钮，在弹出的"另存为"对话框中可对当前制作的调和效果进行保存。

（3）"删除预设"按钮 —：单击该按钮，可以将在"预设"下拉列表中选择的样式删除。

（4）"调和对象"选项 ：可以更改调和中的步长数或调整步长间距。调和数值越高，调和效果越细腻。

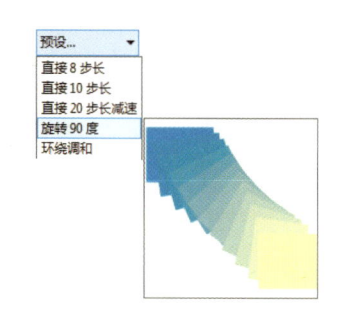

图 6-12　"预设"下拉列表

（5）"调和方向"选项 ：可以对调和后的中间图形进行旋转。当输入正值时，图形按逆时针方向旋转；当输入负值时，图形按顺时针方向旋转。

（6）"环绕调和"按钮 ：将环绕效果应用到调和中。只有当"调和方向"的数值不为"0"时，该按钮才会被激活。

（7）"调和路径"按钮 ：单击该按钮，可以在弹出的下拉列表中选择"新建路径"选项，并且可以在绘图区中选择新的线条作为渐变路径。

（8）"直接调和"按钮 ：用于设置调和的直接色渐变序列。

（9）"顺时针调和"按钮 ：按色谱顺时针方向逐渐调和。

（10）"逆时针调和"按钮 ：按色谱逆时针方向逐渐调和。

（11）"对象和颜色加速"按钮 ：用于调整调和中对象显示和颜色更改的速度。单击该按钮，将弹出"对象和颜色加速"面板，拖动滑块，可以对渐变路径上的图形分布或颜色分布进行调整。

（12）"调整加速大小"按钮 ：用于调整调和中对象更改的速度。

（13）"起始和结束对象属性"按钮 ：单击该按钮，可以重新选择图形调和的起点和终点。

（14）"复制调和属性"按钮 ：当绘制区中有调和图形时，先选择或者绘制两个需要进行调和的图形，然后单击该按钮，接着在调和图形上单击，即可将调和图形的属性复制到新的图形上。

操作方法如下：

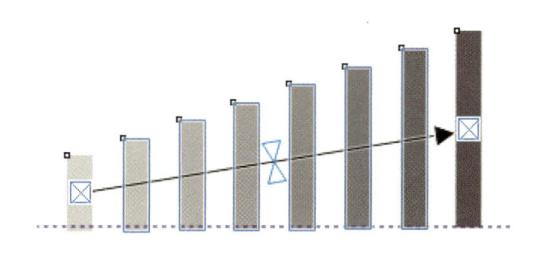

（1）形状调和。选择"矩形"工具 ，绘制一个矩形，设置填充色为30%黑色（C：0；M：0；Y：30；K：0）；按快捷键"Ctrl+D"再制一个矩形，调整其高度，设置填充色为80%黑色（C：0；M：0；Y：80；K：0）；选择"混合"工具 ，选择较矮的矩形，向较高的矩形拖动，设置调和步长为6，即可产生信号效果，如图6-13所示。

图 6-13　信号效果

（2）不同颜色、不同形状的图形调和。绘制两个不同颜色、不同形状的图形，选择"混合"工具 ，将鼠标指针移动到其中一个图形上，当鼠标指针显示为调和状态时，拖动鼠标使箭头指向另一个图形，当两个图形之间形成一条虚线时，释放鼠标左键即可完成调和。设置不同的参数将产生不同的调和效果，如图6-14所示。

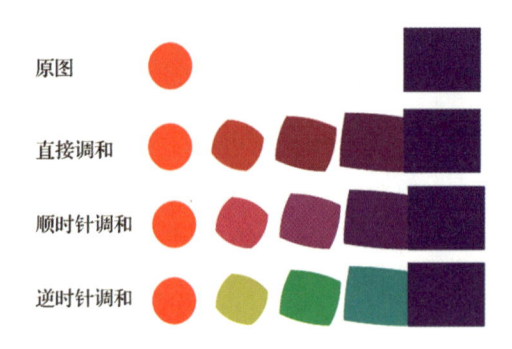

图 6-14　设置不同参数的调和效果

（3）直接调和和路径调和。绘制爱心路径和两个小球。先对两个小球执行直接调和操作，设置调和步长为 10；然后单击"调和路径"按钮，当鼠标指针变成向下弯曲的粗箭头形状时，将其移动到爱心路径上单击，调整调和的起点和终点，可以让小球排列更美观，效果如图 6-15 所示。

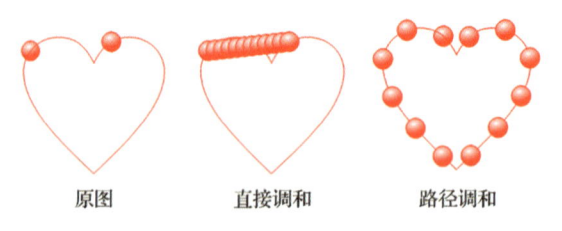

图 6-15　直接调和和路径调和效果

6.4 "透明度"工具

使用"透明度"工具可以让图形或位图图像产生由实到透明的渐变效果，其属性栏如图 6-16 所示。可以选择以下几种不同的透明度设置方式。

图 6-16　"透明度"工具属性栏

（1）"均匀透明度"：应用整齐且均匀分布的透明度。

（2）"渐变透明度"：应用渐变的透明度，包括线性渐变、椭圆形渐变、锥形渐变、矩形渐变。

（3）"向量图样透明度"：将由线条和填充组成的比较复杂的矢量图形应用到所选对象中。

（4）"位图图样透明度"：将由浅色和深色图案或矩形数组中不同的彩色像素组成的彩色图像应用到所选对象中。

（5）"双色图样透明度"：将由黑、白两色组成的图案应用于图像后，黑色部分为透明，白色部分为不透明。

选择不同的透明度设置方式，其属性栏不同。

操作方法为：选择"矩形"工具，绘制一个矩形，填充从天蓝色（C：100；M：20；Y：0；K：0）到白色（C：0；M：0；Y：0；K：0）的线性渐变颜色；选择"贝塞尔"工具，绘制山的形状；选择"透明度"工具中的"渐变透明度"方式，设置节点透明度为 29%，渐变方向为 90°，透明效果如图 6-17 所示。

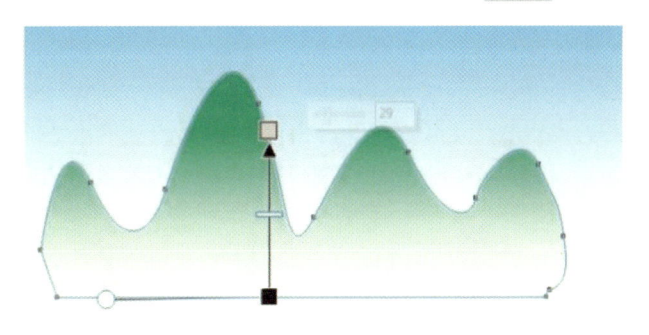

图 6-17　透明效果

6.5 "块阴影"工具

使用"块阴影"工具 能将矢量阴影应用于对象和文本中。和阴影及立体模型不同，块阴影由简单的线条构成。其属性栏如图 6-18 所示。

图 6-18　"块阴影"工具属性栏

属性栏中主要选项的含义如下。

（1）"深度" 1.381 mm：用于调整块阴影的深度。
（2）"定向" 275.035°：用于设置块阴影的角度。
（3）"块阴影颜色"：用于调整块阴影的颜色。
（4）"叠印块阴影"：用于设置块阴影在底层对象上打印。
（5）"简化"：用于修剪对象和块阴影之间的叠加区域。
（6）"移除孔洞"：用于将块阴影设置为不带孔的实线曲线对象。
（7）"从对象轮廓部生成"：在创建块阴影时包括对象轮廓。

操作方法为：选择"块阴影"工具 ，从中心点开始拖动鼠标，即可产生块阴影效果，参数设置如图 6-19 所示，文字块阴影效果如图 6-20 所示。添加图形块阴影的方法与之类似，通过调整小方块的位置，即可得到不同方向的阴影，效果如图 6-21 所示。

图 6-19　"块阴影"参数设置

图 6-20　文字块阴影效果　　　　图 6-21　图形块阴影效果

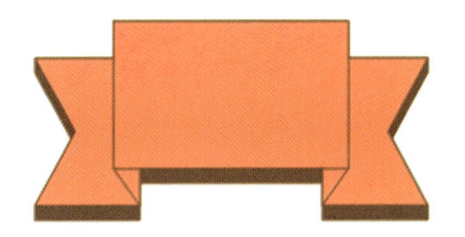

项目实施

任务 1 制作艺术字

任务展示

任务分析

如何体现"超级速度"？重点是突显"速度"二字，设计人员采用了直观的红色文字；"超级速度"4 个字微微倾斜，象征着前进的动态之感；"超"和"度"分别使用了象征速度的图案"车轮"和"自行车"，使其更加突出重心；红色是一种较具刺激性的颜色，能表达燃烧和热情的情感心理。

本任务主要使用"形状""椭圆形""透明度""阴影"等工具来完成。

任务实施

（1）启动 CorelDRAW 2021，单击"新建"按钮新建文档，在属性栏中设置"自定义"纸张，宽度为 300mm，高度为 200mm。

（2）选择"文本"工具字或按"F8"键，设置字体为"汉真广标"，字号为 150pt，颜色为红色（C：0；M：100；Y：100；K：0），输入文字"超级速度"。

（3）执行"对象"→"拆分"命令或按快捷键"Ctrl+K"，将文字拆分。

（4）选择"超"字，执行"对象"→"转换为曲线"命令或按快捷键"Ctrl+Q"，将"超"字转换为曲线。

（5）选择"形状"工具或按"F10"键，选择"超"字的部分结构并将其删除，效果如图 6-22 所示。

图 6-22 "超"字效果（1）

（6）选择"椭圆形"工具或按"F7"键，按住"Ctrl"键绘制一个正圆形，设置填充色为"无"，轮廓色为红色，轮廓宽度为 10pt。

（7）选择"椭圆形"工具或按"F7"键，按住"Ctrl"键绘制一个正圆形，设置填充色为"无"，轮廓色为红色，轮廓宽度为 4pt。两个同心圆效果如图 6-23 所示。

（8）选择"形状"工具或按"F10"键，拖动上述文字图形的部分节点，将其变形。

（9）选择"矩形"工具或按"F6"键，在正圆形上的合适位置绘制一个细长的矩形，设置填充色为红色（C：0；M：100；Y：100；K：0），无轮廓色。

（10）选择上述矩形，按快捷键"Ctrl+D"再制3个矩形，在属性栏的"旋转角度"文本框中分别输入90、45、-45，按快捷键"Ctrl+G"将其组合，完成车轮的制作，效果如图6-24所示。

（11）观察字体需要调整的位置，选择"形状"工具或按"F10"键，拖动文字部分节点，将其变形，效果如图6-25所示。

图6-23　两个同心圆效果　　　　　　图6-24　车轮效果　　　　　　图6-25　"超"字效果（2）

（12）选择"度"字，先执行"对象"→"转换为曲线"命令，再执行"对象"→"拆分"命令，将"度"字拆分。选择"形状"工具或按"F10"键，选择"度"字的部分结构并将其删除，效果如图6-26所示。

（13）选择"椭圆形"工具或按"F7"键，按住"Ctrl"键绘制一个正圆形，设置填充色为"无"，轮廓色为红色（C：0；M：100；Y：100；K：0），轮廓宽度为10mm；按快捷键"Ctrl+D"再制一个正圆形；绘制一个矩形，连接两个正圆形。

（14）选择"贝塞尔"工具，绘制曲线，设置轮廓宽度为8pt，这样就完成了自行车的绘制，文字效果如图6-27所示。

图6-26　"度"字效果（1）　　　　　　　　图6-27　"度"字效果（2）

（15）先执行"对象"→"转换为位图"命令，再执行"对象"→"透视点"→"添加透视"命令，调整文字的倾斜度，效果如图6-28所示。

图6-28　文字倾斜效果

（16）按快捷键"Ctrl+D"再制一份文字；选择"透明度"工具，单击"均匀透明度"按钮，设置透明度为60%，效果如图6-29所示。

图6-29　文字透明效果

（17）选择"阴影"工具，设置属性栏中的参数为 ■ ▼ 乘 ▼ ▦ 50 ╬ ▮ 15，从图形下方向右上方拖动鼠标绘制阴影，调整阴影的位置，效果如图 6-30 所示。

图 6-30　文字阴影效果

（18）执行"文件"→"保存"命令或按快捷键"Ctrl+S"，弹出"保存绘图"对话框，选择保存的位置，输入文件名"艺术字"，保存类型为默认的"CDR-CorelDRAW"，单击"保存"按钮，保存制作的源文件。

（19）执行"文件"→"导出"命令或按快捷键"Ctrl+E"，导出 JPG 文件，命名为"艺术字.jpg"。

任务 2　制作台历封面

任务展示

任务分析

台历可美观、大方、简单地呈现日期，且方便使用。本台历选用浅蓝色色调，这种颜色代表天真、纯洁的情感心理，给人一种可爱、灵动的感觉。

本任务主要使用"块阴影""透明度""艺术笔"等工具来完成。

任务实施

（1）启动 CorelDRAW 2021，单击"新建"按钮新建文档，在属性栏中设置"自定义"纸张，宽度为 300mm，高度为 200mm。

（2）选择"钢笔"工具，绘制4个封闭图形并调整其大小，效果如图6-31所示。

（3）选择"形状"工具，将各节点重叠，组合成不规则的图形，效果如图6-32所示。

（4）选择"钢笔"工具，在正面矩形的下方绘制一个矩形；选择"形状"工具，将各节点重叠，组合成不规则的图形，效果如图6-33所示。

图6-31　绘制4个封闭图形　　　图6-32　组合封闭图形　　　图6-33　再次组合封闭图形

（5）选择正面的矩形，填充浅蓝渐变色（C：7；M：0；Y：0；K：0～C：39；M：0；Y：0；K：0）；选择下方的矩形，填充天蓝色（C：100；M：20；Y：0；K：0）；侧面填充灰白渐变色（C：47；M：44；Y：45；K：8～C：0；M：0；Y：0；K：0）。

（6）选择"椭圆形"工具，绘制云朵；单击"焊接"按钮，将绘制的形状焊接在一起，效果如图6-34（a）所示。

（7）选择"矩形"工具，绘制一个矩形，放置在云朵下方，效果如图6-34（b）所示。单击"移除前面对象"按钮，去掉前面的矩形。使用同样的方法，将右侧的弧线变成直线，效果如图6-34（c）所示。

（8）选择"透明度"工具，选择"线性渐变透明度"，设置节点透明度为60%，渐变方向为-90°，透明效果如图6-34（d）所示。

（a）　　　　　　　　　　　　（b）

（c）　　　　　　　　　　　　（d）

图6-34　绘制"云朵"图形

（9）执行"文件"→"导入"命令，在"导入"对话框中找到"猴.png"图片，单击"导入"按钮；选择"选择"工具，调整图片的大小。

（10）执行"文件"→"导入"命令，在"导入"对话框中找到"新年.jpg"图片，单击"导入"按钮；选择"选择"工具，调整图片的大小。

（11）执行"位图"→"轮廓描摹"→"剪贴画"命令，去除图片白色背景，如图6-35所示。

（12）选择"文本"工具，设置字体为"Clarendon Blk BT"，字号为80pt，颜色为洋红色（C：0；M：91；Y：0；K：0），输入数字"2028"。

（13）选择"块阴影"工具，设置块阴影的深度为3.2mm，角度为45.0°，颜色为深灰色（C：73；M：65；Y：20；K：64），如图6-36所示，文字效果如图6-37所示。

图 6-35 去除图片白色背景

图 6-36 "块阴影"参数设置

图 6-37 文字效果（1）

（14）选择"文本"工具**字**，设置字体为"微软雅黑"，字号为16pt，颜色为洋红色（C：5；M：91；Y：0；K：0），输入文字"猜灯谜贺新年"；选择"轮廓图"工具回，单击"内部轮廓"按钮，设置轮廓图步长为1，轮廓图偏移为0.2mm，文字效果如图6-38所示。

图 6-38 文字效果（2）

（15）选择"艺术笔"工具，选择"喷涂"模式，设置"类别"为"其他"，"喷涂样式"为"礼花"，"喷涂顺序"为"随机"，如图6-39所示，拖动鼠标绘制不同的礼花，调整礼花的位置。

图 6-39 "艺术笔"参数设置

（16）选择"矩形"工具□，设置轮廓色为（C：100；M：99；Y：55；K：15），轮廓宽度为0.9mm，绘制一个正方形。按快捷键"Ctrl+D"再制多个正方形，并放置在相应的位置。选择"椭圆形"工具○中的弧形，设置起始和结束角度为270°，绘制多条弧线。绘制的台历小环效果如图6-40所示。

项目 6　矢量图形效果——艺术字及台历制作

图 6-40　台历小环效果

（17）执行"文件"→"保存"命令或按快捷键"Ctrl+S"，弹出"保存绘图"对话框，选择保存的位置，输入文件名"台历封面"，保存类型为默认的"CDR-CorelDRAW"，单击"保存"按钮，保存制作的源文件。

（18）执行"文件"→"导出"命令或按快捷键"Ctrl+E"，导出 JPG 文件，命名为"台历封面.jpg"。

任务 3　制作台历内页

任务展示

任务分析

台历内页是台历功能的核心，主要分为功能区和图片区两部分。台历内页设计和台历封面设计的风格和尺寸要一致。

本任务主要使用"块阴影""轮廓图""艺术笔"等工具来完成。

任务实施

（1）启动 CorelDRAW 2021，单击"新建"按钮新建文档，在属性栏中设置"自定义"纸张，宽度为 300mm，高度为 200mm。

（2）选择"钢笔"工具，绘制 4 个封闭图形并调整其大小，效果如图 6-41 所示。

（3）选择"形状"工具，将各节点重叠，组合成不规则的图形，效果如图 6-42 所示。

（4）选择"钢笔"工具，在正面矩形的下方绘制一个矩形；选择"形状"工具，将各节点重叠，组合成不规则的图形，效果如图 6-43 所示。

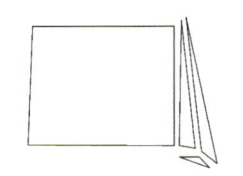

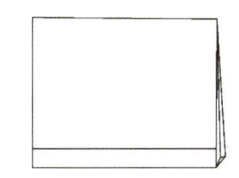

图 6-41　绘制 4 个封闭图形　　　图 6-42　组合封闭图形　　　图 6-43　再次组合封闭图形

（5）选择正面的矩形，填充浅蓝渐变色（C：7；M：0；Y：0；K：0～C：39；M：0；Y：0；K：0）；

99

选择下方的矩形，填充天蓝色（C：100；M：20；Y：0；K：0）；侧面填充灰白渐变色（C：47；M：44；Y：45；K：8～C：0；M：0；Y：0；K：0），效果如图6-44所示。

（6）执行"文件"→"导入"命令，在"导入"对话框中找到"猴.png"图片，单击"导入"按钮；选择"选择"工具，调整图片的大小。

（7）选择"文本"工具，设置字体为"Clarendon Blk BT"，字号为48pt，颜色为洋红色（C：0；M：91；Y：0；K：0），输入数字"2028"。

（8）选择"块阴影"工具，设置块阴影的深度为2.5mm，角度为45°，颜色为深灰色（C：73；M：65；Y：20；K：64），效果如图6-45所示。

（9）选择"椭圆形"工具，绘制一个椭圆形，设置填充色为洋红色，调整其大小与"2028"中的"0"的大小一致。选择"文本"工具，设置颜色为黄色，字体为"微软雅黑"，字号为20pt，输入文字"福"，并调整其大小，效果如图6-46所示。

图6-44　封闭图形填充效果　　　　图6-45　文字效果（1）　　　　图6-46　文字效果（2）

（10）选择"文本"工具，设置颜色为黄色，字号为16pt，字体为"微软雅黑"，输入文字"新年快乐"。选择"轮廓图"工具，单击"外部轮廓"按钮，设置轮廓图步长为2，填充色为深灰色，如图6-47所示。

图6-47　"轮廓图"参数设置（1）

（11）选择"艺术笔"工具，选择"笔刷"模式，设置"类别"为"艺术"，笔触大小为4.0mm，颜色为黄色，如图6-48所示，绘制一条彩带，按快捷键"Ctrl+D"再制一条彩带，调整彩带的方向，效果如图6-49所示。

图6-48　"艺术笔"参数设置

图6-49　彩带效果

（12）选择"艺术笔"工具，选择"喷涂"模式，设置"类别"为"其他"，"喷涂样式"为"礼花"，"喷涂顺序"为"随机"，拖动鼠标绘制不同的礼花，调整礼花的位置。

（13）选择"文本"工具，设置颜色为洋红色，字号为24pt，字体为"微软雅黑，粗体"，输入文字"恭贺新年"。选择"轮廓图"工具，单击"内部轮廓"按钮，设置轮廓图步长为2，填充色为黄色，如图6-50所示。

图6-50　"轮廓图"参数设置（2）

（14）选择"猴"图片，按快捷键"Ctrl+D"再制一个，调整图片的大小，放置在"恭贺新年"文字的中间，效果如图6-51所示。

图6-51　文字效果（3）

（15）选择"文本"工具**字**，设置颜色为洋红色，字号为11pt，字体为"黑体"，输入文字"一月"。

（16）选择"表格"工具**囲**，设置表格为1行7列，轮廓色为黑色，粗细为0.567pt，填充色为浅薄荷绿色（C：40；M：0；Y：40；K：0），绘制表格，为表格的前后两格填充浅橘色（C：0；M：40；Y：80；K：0），参数设置如图6-52所示，效果如图6-53所示。

图6-52　表格参数设置

图6-53　表格效果（1）

（17）选择"表格"工具**囲**，设置表格为5行7列，轮廓色为黑色，粗细为0.567pt，无填充色，绘制表格，并输入日期，效果如图6-54所示。

图6-54　表格效果（2）

（18）选择"矩形"工具**▭**，设置轮廓色为（C：100；M：99；Y：55；K：15），轮廓宽度为0.9mm，绘制一个正方形。按快捷键"Ctrl+D"再制多个正方形，并放置在相应的位置。选择"椭圆形"工具**○**中的弧形，设置起始和结束角度为270°，绘制多条弧线。绘制的台历小环效果如图6-55所示。

图6-55　台历小环效果

（19）执行"文件"→"保存"命令或按快捷键"Ctrl+S"，弹出"保存绘图"对话框，选择保存的位置，输入文件名"台历内页"，保存类型为默认的"CDR-CorelDRAW"，单击"保存"按钮，保存制作的源文件。

（20）执行"文件"→"导出"命令或按快捷键"Ctrl+E"，导出 JPG 文件，命名为"台历内页.jpg"。

项目总结

本项目通过制作艺术字和台历，使读者进一步学习了 CorelDRAW 中矢量图的编辑与调整操作，即"阴影""轮廓图""变形""透明度""混合""立体化"等工具和命令的使用方法。

拓展练习

（1）制作周年庆典艺术字，效果如图 6-56 所示。

图 6-56　周年庆典艺术字效果

（2）制作台历封面，效果如图 6-57 所示。

（3）制作台历内页，效果如图 6-58 所示。

图 6-57　台历封面效果　　　　　　图 6-58　台历内页效果

项目 7

图文混排——画册制作

项目导读

使用 CorelDRAW 制作的文字和矢量图形都非常清晰,版式设计是其重要的应用领域之一。图文混排是版式设计中经常遇到的工作,图文混排技巧被广泛应用于画册、书籍、报纸、杂志等版面的设计中,以增强图形和文本的视觉效果。本项目主要学习图文混排的基础知识,学习段落文本、表格、连接器、位图等的操作方法及技巧,重点是文本编辑、图文混排的操作方法,难点是灵活运用所学工具制作画册。

画册可用于通过邮寄或分发的形式向读者传递广告信息,其版面设计灵活、多样。其中,网格型排版是将整个版面分为几个板块,强调作品严谨、和谐和理性的视觉效果,主要有九宫格、通栏、双栏、三栏、四栏的横向/纵向等排版形式;满版型排版是一种追求视觉冲击力的排版形式,通过 1/2、2/3 版面分割的形式,采用上下、左右、环绕布局,将插画与文字内容按顺序排布,从而达到一种文本内容泾渭分明的视觉效果;倾斜型排版是一种不对称的排版形式,通常采用几何图形或文本框,赋予版面动感因素;自由型排版的核心要素就是运用无规律的版面设计,通过画面本身的视觉导向来表达视觉内容。

学习目标

- 能使用"文本"工具编辑段落文本。
- 能使用"表格"工具绘制简单的表格。
- 能使用"连接器"工具绘制图形。
- 能对位图进行简单的编辑。
- 能制作简单的画册。
- 培养家国情怀,提升审美能力。

项目任务

- 制作儿童作品画册封面。
- 制作宣传画册内页。
- 制作摄影作品集。

7.1 文本编辑

在 CorelDRAW 2021 中可以创建美术字和段落文本。美术字用于添加少量文字，可以将其当作一个单独的图形对象来处理，在使用时选择"文本"工具或按"F8"键，直接在绘图区中单击即可输入，使用"形状"工具可以对美术字的行间距、字间距进行调整。而段落文本通常用于添加大量文字，常用于报纸、画册、杂志、产品说明书等的文本编辑。

1. 段落文本编辑

1）段落文本的输入

选择"文本"工具或按"F8"键，在绘图区中单击并拖动鼠标，将出现一个矩形文本框，缩放至合适大小后释放鼠标左键。在文本框中输入文本，文本框的大小将保持不变，超出文本框容纳范围的文本将被隐藏。要让文本全部显示，可移动鼠标指针至隐藏按钮上，按住鼠标左键向下拖动，直至文本全部显示，释放鼠标左键，如图 7-1 所示。

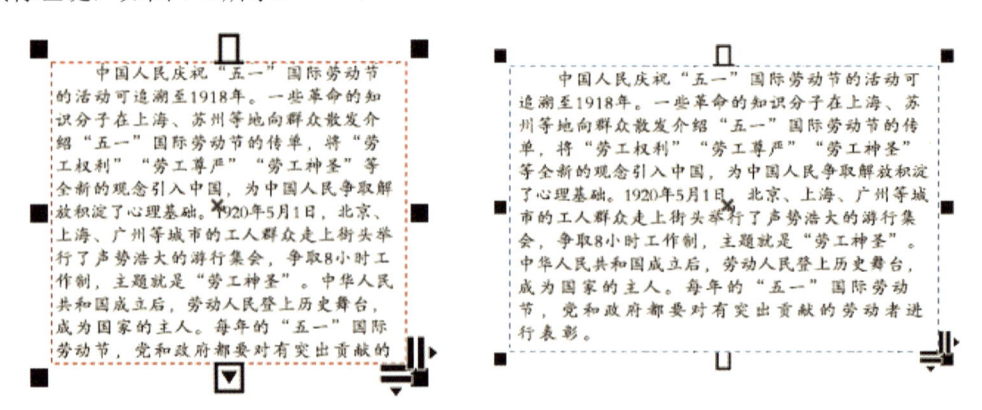

图 7-1　隐藏和显示文本内容前后对比

2)将段落文本转换为美术字

当段落文本框内的文本全部显示时,单击段落文本框,执行"文本"→"转换为美术字"命令或按快捷键"Ctrl+F8",文本框消失,段落文本转换为美术字。需要注意的是,能用段落文本的尽量不用美术字,尤其是在制作画册和报纸时,美术字的对齐操作很麻烦,后期输出容易出错。

3)段落文本适合框架

执行"文本"→"段落文本框"→"使文本适合框架"命令,将自动调整文本的大小,使文本完全显示在文本框中。

4)文本格式设置

当选择"文本"工具 字 时,会自动弹出"文本"工具属性栏,如图7-2所示。若要进行复杂格式的设置,则单击 按钮或按快捷键"Alt+Enter",弹出"文本属性"泊坞窗,可以在其中设置字符格式或段落格式,如图7-3和图7-4所示。

图7-2 "文本"工具属性栏

图7-3 字符文本属性设置　　　　图7-4 段落文本属性设置

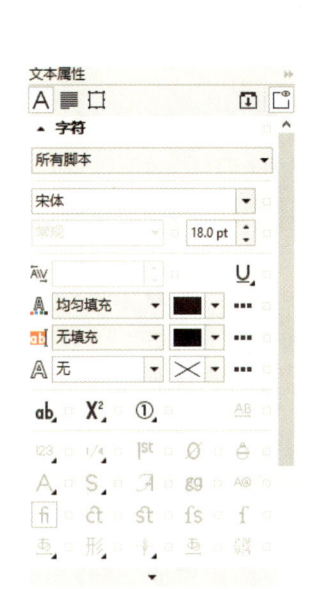

文本格式的设置与Word中的操作类似,故此处不再赘述,常见的操作技巧如下。

(1)字体面板:用于设置字体、字号等。一般在属性栏中就可以设置这些属性。

(2)对齐面板:用于设置对齐方式。如果是段落文本,则一定要选择"两端对齐"。

(3)间距面板:用于设置字间距、行间距。需要特别注意的是,"段落后"的数值一定要与行间距的数值一致。

(4)框架与栏面板:用于分栏及设置栏间距,在制作报纸时经常使用,可以根据需要设置栏数、栏宽、栏间距。

(5)效果面板:用于设置项目符号和首字下沉,在制作画册、杂志时经常使用。

(6)规则面板:用于规范文本格式。如本来应该在句末的标点符号突然跑到下一行,可全部勾选"开始字符""跟随字符""其他字符"复选框。

2. 将文本放置在封闭图形中

可以将文本放置在各种封闭图形中。选择"文本"工具 字,将鼠标指针移动到已绘制的封闭图形中,当鼠标指针变成如图 7-5 所示的形状时单击，输入文本内容，效果如图 7-6 所示。

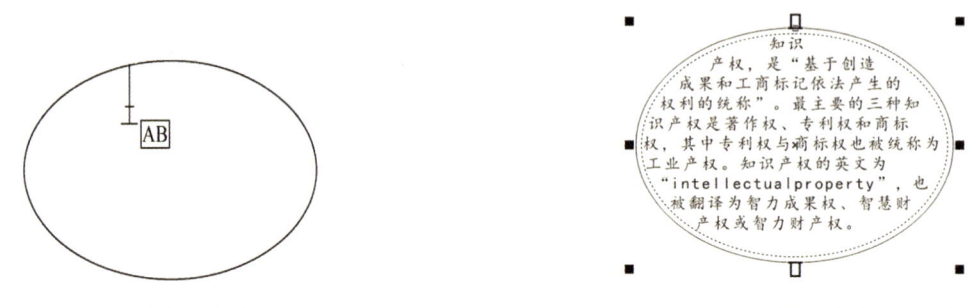

图 7-5　鼠标指针变形

图 7-6　将文本放置在封闭图形中

3. 文本链接

可以将不同文本框中的文本链接起来，这给画册、宣传册、杂志等作品的设计与制作带来了很大的便利。当文本框中的文字过多，超出文本框时，在文本框下方将出现 图标，单击该图标，移动鼠标指针到另一个文本框上，当鼠标指针变成粗箭头形状时单击，即可将两个文本框中的文本链接起来，如图 7-7 所示。

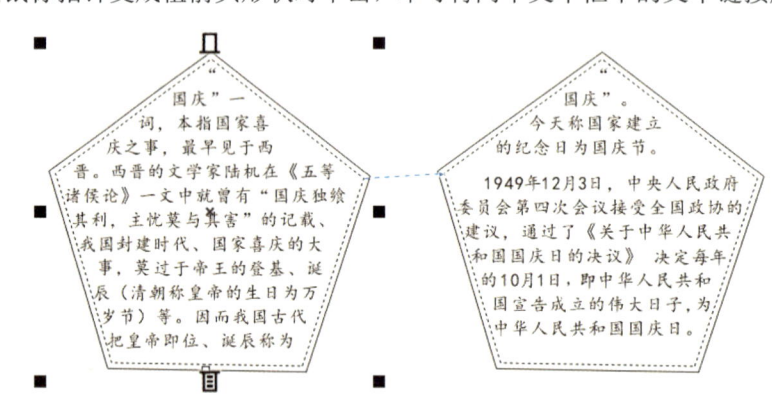

图 7-7　文本链接

4. 文本适应路径

针对制作好的路径文字，可以通过在属性栏中设置文本方向、与路径的距离、偏移量等参数，调整文本效果；也可以通过选择"形状"工具，单击文本，拖动节点，调整文本的位置，形成不同的艺术效果。制作文本适应路径效果的方法有以下两种。

1）先输入文本后确定路径

输入文本并设置属性，绘制路径，选择文本，执行"对象"→"使对象适合路径"命令，在弹出的对话框中设置复制的数量、方向等参数。选择文本，然后按住"Shift"键选择路径。单击"应用"按钮，完成制作。

2）先绘制路径再添加文本

绘制一条曲线，选择"文本"工具，移动鼠标指针到路径上的合适位置，当鼠标指针变成 ～ 形状时单击，输入文本，设置参数，完成制作。

操作方法为：选择"椭圆形"工具，绘制一段弧线，将鼠标指针移动到绘制的路径图形旁边，当鼠标指针变成如图 7-8 所示的形状时单击，输入英文"SPRING NEW STYLE"，设置属性栏中的参数为 ，调整文本的位置与大小，效果如图 7-9 所示。设置路径曲线无轮廓色，隐藏路径，效果如图 7-10 所示。

图 7-8　鼠标指针变形　　　　图 7-9　在路径处输入文本　　　　图 7-10　隐藏路径

5. 图文混排

为了增加版式的多样性、艺术性，常常需要将图片和文本混合排版，以达到图文并茂的效果。单击属性栏中的"段落文本换行"按钮，在弹出的样式列表中选择一种换行样式，如图 7-11 所示。

操作方法为：在段落文本中置入图片，此时图片覆盖在文本上方。在图片上单击鼠标右键，在弹出的快捷菜单中选择"段落文本换行"命令，即可将图片放置在段落文本中间，拖动图片调整至合适的位置即可。案例效果采用的是"跨式文本"样式，如图 7-12 所示。

图 7-11　换行样式列表　　　　图 7-12　"跨式文本"样式效果

6. 插入字形

在进行版式设计时，插入一些字形，会让版面显得更有质感或设计感。

操作方法为：选择"文本"工具，执行"文本"→"字形"命令，弹出"字形"泊坞窗，如图 7-13 所示，选择不同的字体，如"Webdings"，在字体面板中选择需要的字形，拖动到绘图区中。使用"选择"工具调整插入的字形的位置与大小，填充颜色，效果如图 7-14 所示。

图 7-13　"字形"泊坞窗　　　　图 7-14　插入字形效果

7.2 表格制作

选择"表格"工具囲，打开"表格"工具属性栏，如图7-15所示，可以在其中设置表格的行数与列数、背景色、边框宽度、边框样式等。具体操作与Word中的操作类似，此处不再赘述。

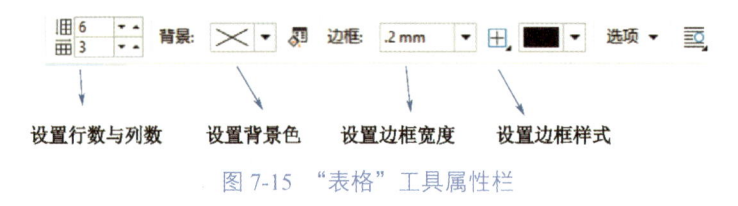

图7-15 "表格"工具属性栏

7.3 "连接器"工具

1. "直线连接器"工具

选择"直线连接器"工具，按住鼠标左键，在绘图区中从一个图形出发拖动至另一个图形，释放鼠标左键，在两个图形之间即可建立直线连接。其中一个图形的位置改变，连接线也会随之改变位置，在属性栏中可以设置直线的类型和大小。

（1）"轮廓宽度"：用于设置对象的轮廓宽度。

（2）"起始箭头"和"终止箭头"：用于在线条起始端和终止端添加箭头。

（3）"线条样式"：用于选择线条或轮廓样式。

2. "直角连接器"工具

选择"直角连接器"工具，按住鼠标左键，在绘图区中从一个图形出发拖动至另一个图形，释放鼠标左键，在两个图形之间即可建立直角连接。其中一个图形的位置改变，连接线也会随之改变位置，其属性栏如图7-16所示。其中的选项大多与"直线连接器"工具属性栏中的选项相同，在这里仅对不同的选项加以说明。

图7-16 "直角连接器"工具属性栏

"圆形直角"：用于调整圆形直角的圆角半径。当该值为0时，变成直角。

3. "圆直角连接符"工具

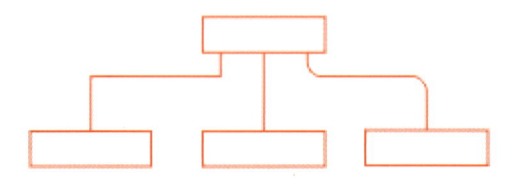

选择"圆直角连接符"工具，绘制一个圆直角连接两个对象，其用法与"直线连接器"工具的用法相似。绘图效果如图7-17所示。

图7-17 "圆直角连接符"工具绘图效果

7.4 位图操作

1. 将矢量图转换为位图

在 CorelDRAW 2021 中绘制的图形都是矢量图，由于矢量图不能应用高斯模糊等效果，所以有时候需要将矢量图转换为位图。

选择要转换的矢量图，执行"位图"→"转换为位图"命令，弹出"转换为位图"对话框，如图 7-18 所示，设置相关选项后，单击"确定"按钮即可。

图 7-18 "转换为位图"对话框

"转换为位图"对话框中主要选项的含义如下。

（1）"分辨率"：为了保证转换为位图之后的效果，必须选择 24 位以上的颜色模式，并将分辨率设置在 200dpi 以上。

（2）"颜色模式"：如需打印，则选择 CMYK 模式。

（3）"递色处理的"：模拟比可用颜色数目更多的颜色。

（4）"总是叠印黑色"：勾选该复选框，在通过叠印黑色进行打印时，可避免黑色对象与下面的对象有间距。

（5）"光滑处理"：勾选该复选框，可减少锯齿，使位图边缘更加平滑。

（6）"透明背景"：勾选该复选框，可设置位图背景透明；反之则用白色作为背景色。

2. 将位图转换为矢量图

将位图转换为矢量图的最大优点就是无论放大、缩小还是旋转图形都不会失真，图片质量不受分辨率大小的影响，文件占用空间较小。在转换预览窗口中可以调整矢量图的细节、平滑度及拐角平滑度，也可以在转换为矢量图后删除原位图中的某种颜色，还可以将不同的颜色进行分组。

操作方法如下：

（1）执行"位图"→"轮廓描摹"→"线条图"命令，或选择位图并单击鼠标右键，在弹出的快捷菜单中选择"轮廓描摹"→"线条图"命令，如图 7-19 所示。

（2）在弹出的"PowerTRACE"对话框中根据需要设置各项参数，如图 7-20 所示，单击"确定"按钮，即可将位图转换为矢量图，效果如图 7-21 所示（上图是原图，下图是转换后的效果图）。

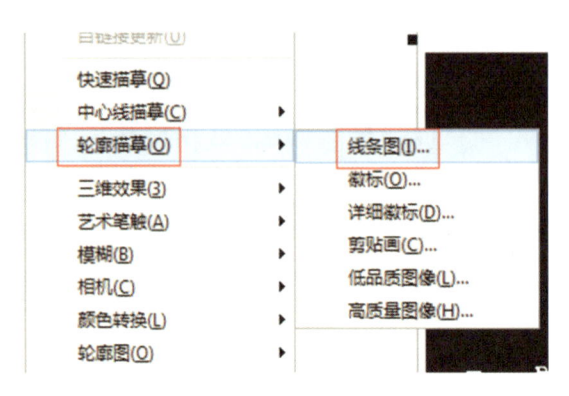

图 7-19 选择"轮廓描摹"→"线条图"命令

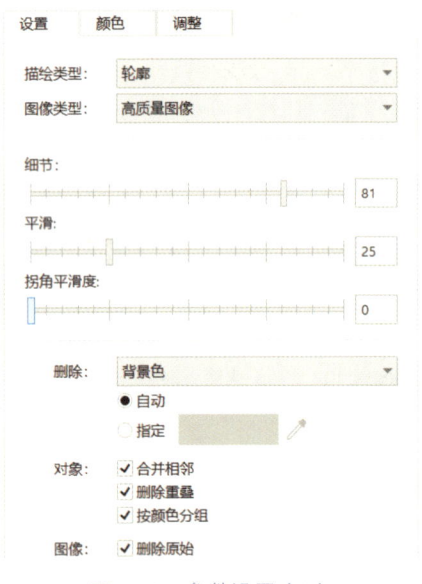

图 7-20 参数设置（1）

图 7-21 "线条图"转换前后效果

（3）当位图的构成与颜色不复杂时，执行"位图"→"轮廓描摹"→"高质量图像"命令，转换效果更佳，参数设置如图 7-22 所示，效果如图 7-23 所示。

图 7-22 参数设置（2）

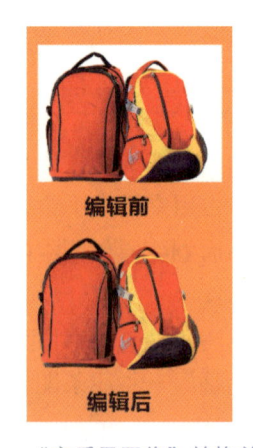

图 7-23 "高质量图像"转换前后效果

3. 位图的裁剪

在 CorelDRAW 中可以对位图进行裁剪。

（1）规则裁剪。选择要裁剪的位图，选择"裁剪"工具，拖动鼠标绘制一个矩形区域，在矩形区域中双击即可完成裁剪，如图 7-24 所示。使用这种方法只能裁剪出规则的图形。

（2）不规则裁剪。选择"形状"工具，单击位图，此时在图形的 4 个边角出现 4 个控制点，拖动控制点即可裁剪图形，也可以在控制线上添加、删除或转换节点后再进行编辑。使用这种方法能裁剪出不同形状的图形，如图 7-25 所示。

| 选中裁剪区域 | 双击后完成裁剪 | 裁剪前 | 裁剪后 |

图 7-24　规则裁剪　　　　　　　　　　图 7-25　不规则裁剪

4. 位图的选择、倾斜与旋转

选择"选择"工具，单击位图，可以对其执行调整位置与大小、倾斜、旋转等多种操作，和矢量图的操作方法相似，此处不再赘述。

项目实施

任务 1　制作儿童作品画册封面

任务展示

任务分析

本任务制作的是一张对折的儿童作品画册封面，其版式活泼、色彩亮丽，符合儿童的审美特点，体现了儿童的快乐、纯真。

本任务主要使用"段落文本""路径文本""插入字形""位图颜色遮罩"等工具和命令来完成。

任务实施

（1）启动 CorelDRAW 2021，单击"新建"按钮新建文档，在属性栏中设置纸张宽度为 508mm、高度为 381mm。

（2）选择"矩形"工具或按"F6"键，绘制一个与绘图区一样大小的矩形。选择"交互式填充"工具，为矩形填充由上至下、从粉红色（C：0；M：60；Y：0；K：0）到黄色（C：9；M：0；Y：29；K：0）的线性渐变色，效果如图 7-26 所示。

（3）选择"贝塞尔"工具，绘制图形，填充任意色。选择"阴影"工具，在图形上拖动鼠标。在属性栏中设置阴影的不透明度为 100%，阴影羽化为 30，阴影颜色为黄色（C：0；M：0；Y：100；K：0），合并模式为"强光"，效果如图 7-27 所示。

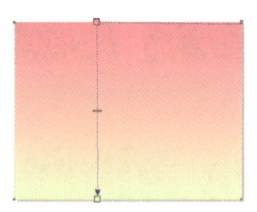

图 7-26　线性渐变填充效果

图 7-27　阴影效果

（4）按快捷键"Ctrl+K"拆分阴影，删除原图。执行"对象"→"PowerClip"→"置于图文框内部"命令，将选择的阴影精确裁剪于背景矩形内。执行"对象"→"PowerClip"→"编辑 PowerClip"命令，调整其位置，单击"完成"按钮，完成编辑。在标尺上拖动出一条辅助线放置在中间，如图 7-28 所示。

（5）制作路径文字。选择"贝塞尔"工具，绘制一条曲线。选择"文本"工具或按"F8"键，绘制路径文字"荷城画室"，设置字体为"幼圆"，设置轮廓色与填充色均为白色；选择"选择"工具，调整文字大小；选择"形状"工具，拖动节点，调整文字位置，效果如图 7-29 所示。

图 7-28　添加辅助线

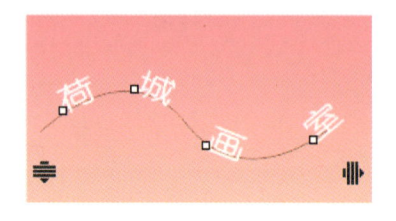

图 7-29　路径文字效果

（6）装饰路径文字。按"F6"键，绘制 4 个圆角矩形，放置于在步骤（5）中制作的文字下方，4 个矩形从左到右分别填充颜色（C：9；M：41；Y：100；K：0）、（C：0；M：100；Y：0；K：0）、（C：100；M：0；Y：100；K：0）、（C：100；M：0；Y：0；K：0），删除"荷城画室"的路径填充色，效果如图 7-30 所示。

（7）制作主题文本。按"F8"键，输入文字"儿童作品"，设置字体为"幼圆"、字号为 90pt，设置轮廓色与填充色均为白色。按快捷键"Ctrl+K"拆分文字，调整文字大小。按"F6"键，绘制 4 个圆角矩形，分别放置于文字的下一层，填充颜色从下到上和步骤（6）中从左到右的颜色值一样，效果如图 7-31 所示。

图7-30　装饰路径文字效果

图7-31　主题文本效果

（8）按"F8"键，绘制段落文本框，输入段落文本，设置字体为"华文隶书"，设置填充色和轮廓色均为红色（C：0；M：100；Y：100；K：0），调整字间距和行间距，效果如图7-32所示。

（9）按"F6"键，绘制一个矩形，设置轮廓宽度为2.5mm，轮廓色为白色，使用"选择"工具调整矩形的位置。按快捷键"Ctrl+I"，在弹出的对话框中选择"儿童画"素材，单击"确定"按钮，导入素材。执行"对象"→"PowerClip"→"置于图文框内部"命令，将导入的素材裁剪于矩形中，效果如图7-33所示。使用同样的操作方法，绘制6个矩形，把一组儿童画分别导入，并分别精确裁剪于矩形中，单击"编辑"按钮调整位置，单击"完成"按钮完成编辑，效果如图7-34所示。

（10）按"F8"键，绘制段落文本框，输入画室地址和联系电话信息，设置字体为"华文隶书"，设置填充色和轮廓色均为红色（C：0；M：100；Y：100；K：0），调整字间距和行间距，效果如图7-35所示。

图7-32　段落文本排版效果

图7-33　"儿童画"素材裁剪效果

图7-34　儿童画排版效果

图7-35　画室地址和联系电话信息排版效果

（11）绘制卡通星星。

① 选择"星形"工具 ☆，设置边数为5、锐度为30，绘制一个五角星。单击鼠标右键，在弹出的快

捷菜单中选择"转换为曲线"命令。选择"形状"工具，选择五角星的所有节点，单击属性栏中的"转换为曲线"按钮，将直线全部转换为曲线，单击"对称节点"按钮，设置填充色与轮廓色均为橘红色（C：0；M：60；Y：100；K：0），效果如图7-36所示。

② 选择"选择"工具，按住"Shift"键，拖动对角控制点，绘制一个同心但稍小一些的星星图形，设置填充色和轮廓色均为黄色（C：0；M：60；Y：100；K：0）；选择"透明度"工具，单击"均匀透明度"按钮，设置透明度为50%；选择"混合"工具，对两个星星图形进行"直接调和"操作，设置调和步长为30，效果如图7-37所示。

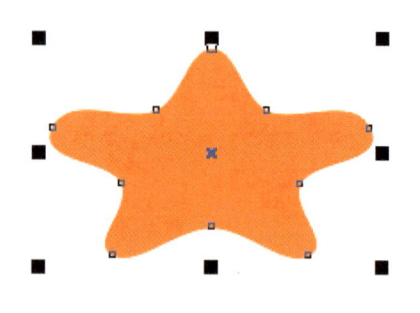

图 7-36　绘制圆角星星　　　　　　　　　图 7-37　星星调和效果

③ 绘制高光。选择"贝塞尔"工具，绘制一个图形，设置填充色和轮廓色均为白色，并调整其位置。使用"选择"工具全选卡通星星的全部图形，将其组合在一起，完成卡通星星的绘制，效果如图7-38所示。

（12）绘制卡通月亮。与卡通星星的绘制方法相似。选择"椭圆形"工具，绘制两个重叠的正圆形。选择两个正圆形，单击属性栏中的"修剪"按钮，修剪出月亮图形。选择"选择"工具，按住"Shift"键，拖动对角控制点，绘制一个同心但稍小一些的月亮图形，设置填充色分别为（C：34；M：0；Y：93；K：0）和（C：100；M：0；Y：100；K：0）。选择"透明度"工具，单击"均匀透明度"按钮，设置透明度为50%。选择"混合"工具，对两个月亮图形进行"直接调和"操作，设置调和步长为20。选择"贝塞尔"工具，绘制高光，完成卡通月亮的绘制，效果如图7-39所示。

图 7-38　卡通星星效果　　　　　　　　　图 7-39　卡通月亮效果

（13）绘制卡通爱心树。

① 选择"常见的形状"工具，绘制一个爱心图形，设置填充色和轮廓色均为洋红色（C：0；M：100；Y：0；K：0）。复制爱心图形，缩小并放置在前一个爱心图形之上，将其转换为曲线，填充从白色到粉红色（C：0；M：40；Y：20；K：0）的渐变色，无轮廓色，效果如图7-40所示。

② 使用"混合"工具，对两个爱心图形进行"直接调和"操作，设置调和步长为20，效果如图7-41所示。

③ 使用"矩形"工具，绘制一个矩形，设置填充色和轮廓色均为洋红色；选择"透明度"工具，

使用矩形图形,从上到下进行透明设置,效果如图 7-42 所示。执行"对象"→"PowerClip"→"置于图文框内部"命令,将爱心树裁剪于背景矩形中,复制一份,调整位置与大小,效果如图 7-43 所示。

(14)绘制卡通云朵。选择"椭圆形"工具,绘制 5 个正圆形,调整好位置,使其交叉重叠后的图形外轮廓和云朵形状一致;对这 5 个正圆形进行组合操作,设置其填充色及轮廓色均为白色;复制合并后的图形,放置于其后面,设置填充色为浅蓝色(C:40;M:0;Y:0;K:0),调整好位置;对这两个图形进行组合,完成卡通云朵的绘制,效果如图 7-44 所示。

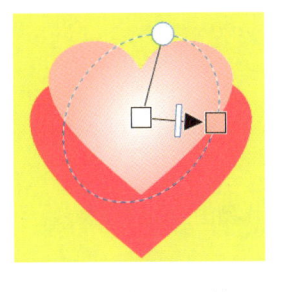

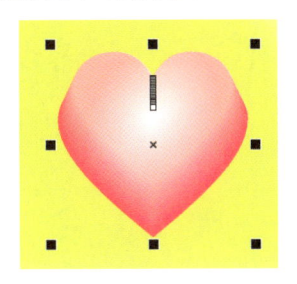

图 7-40 填充图形效果　　图 7-41 爱心调和效果　　图 7-42 透明效果

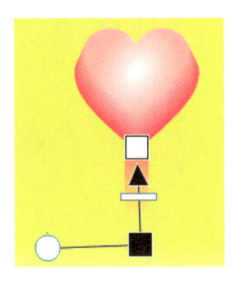

图 7-43 卡通爱心树效果　　图 7-44 卡通云朵效果

(15)导入素材,遮罩素材的部分颜色。按快捷键"Ctrl+I",导入素材"色彩盘.jpg",执行"窗口"→"泊坞窗"→"效果"→"位图颜色遮罩"命令,弹出"位图颜色遮罩"泊坞窗,设置值为 81,单击"吸管"按钮,选择素材中的白色,单击"应用"按钮,具体参数设置如图 7-45 所示,效果如图 7-46 所示。

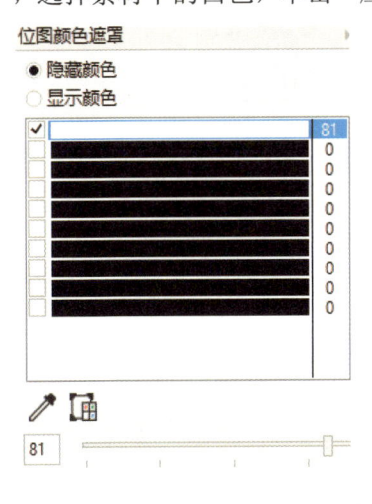

图 7-45 位图颜色遮罩参数设置　　图 7-46 遮罩白色背景效果

(16)执行"文本"→"字形"命令,弹出"字形"对话框,选择不同的字体,如"Webdings",在字体面板中选择"小鸟"字形,拖动到绘图区中,使用"选择"工具调整其大小,设置轮廓色为白色,效果如图 7-47 所示。

(17)选择"文本"工具,输入联系方式信息,编辑字体与字号,无轮廓色,设置填充色为红色。复制多份云朵、星星、月亮、爱心树等图形，调整其位置及大小，部分使用图框精确裁剪置于背景矩形中，检查画册的整体排版效果，调整标题与文本的位置，完成作品绘制，最终效果如图7-48所示。

图 7-47　插入小鸟

图 7-48　儿童作品画册最终效果

（18）按快捷键"Ctrl+S"，保存文件为"儿童作品画册.cdr"。按快捷键"Ctrl+E"，导出JPG文件，命名为"儿童作品画册.jpg"。

任务2　制作宣传画册内页

任务展示

任务分析

宣传画册是一种视觉表达形式，通过其版面构成，多方位地向人们介绍某事物的特色，在短时间内吸引人们的注意力，最终达到宣传的目的。本任务制作的是一份对折的、图文并茂的宣传画册内页，主要使用"文本""表格""文本属性"等工具和命令来完成。

在完成本任务后，请读者收集自己所在城市或家乡的特色文化，制作一份宣传画册。

任务实施

（1）启动 CorelDRAW 2021，单击"新建"按钮新建文档，在属性栏中设置纸张宽度为 483mm、高度为 333mm。

（2）按"F6"键，绘制一个与绘图区一样大小的矩形，设置填充色为白色。

（3）绘制辅助线，定位画册边距。执行"布局"→"文档选项"→"辅助线"→"垂直"命令，添加垂直辅助线 19、221.5、241.5、261.5、464，如图 7-49 所示。切换至"水平"选项卡，添加水平辅助线 15、314。执行"查看"→"贴齐"→"贴齐辅助线"命令，之后在绘制图形时，图形会自动贴齐辅助线。

图 7-49 添加垂直辅助线

（4）制作页眉。按"F8"键，设置字体为"微软雅黑"、字号为 21pt，输入文字"贵港宣传"，设置填充色为青色，无轮廓色。选择"矩形"工具，绘制一个宽度、高度均为 0.45mm 的矩形，贴近右上方辅助线相交处，调整文本的位置。复制上述文本与矩形，调整其位置，效果如图 7-50 所示。

图 7-50 页眉效果

（5）制作页码。按"F8"键，分别在辅助线左下方、右下方的交叉处输入页码信息。分别绘制宽度为 21mm、高度为 7mm 的矩形，放置在页码信息的下面，完成页码的制作。

（6）制作主标题及子标题。主标题采用较大的字号，而各子标题设置相同的字体、字号、颜色，其操作方法与页码的制作类似。

（7）编辑画册左侧简介文字与图片。

① 按"F8"键，贴齐辅助线，绘制段落文本框，输入文本信息，设置"贵港"两个字的字号为 24pt，其余文字的字号为 16pt，设置字体为"华文宋体"。

② 按快捷键"Ctrl+I"，导入素材"世纪广场.jpg"，将图片放置在段落文本框中，单击属性栏中的按钮，选择"跨式文本"选项，调整图片的大小与位置。单击按钮，设置文本属性，如图 7-51 所示，完成图文混排，效果如图 7-52 所示。

（8）绘制带有项目符号的贵港交通文本信息。按"F8"键，贴齐左侧两条垂直辅助线的宽度，绘制段落文本框，输入文本信息，单击"文本"泊坞窗中的按钮，在弹出的菜单中选择"项目符号和编号"命令，弹出"项目符号和编号"对话框，设置项目符号参数，单击"OK"按钮，如图 7-53 所示，效果如图 7-54 所示。

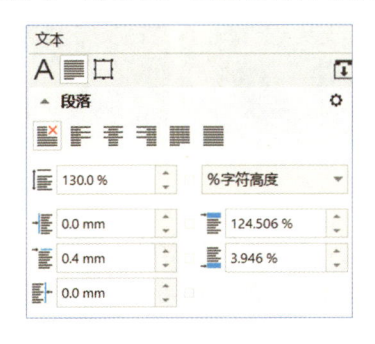

图 7-51 文本属性设置

图 7-52 图文混排效果

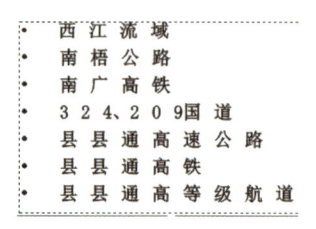

图 7-53　项目符号参数设置　　　　　　　　图 7-54　贵港交通文本信息效果

（9）与上述操作方法相同，完成第 4 页上半部分的图文混排，效果如图 7-55 所示。

图 7-55　第 4 页上半部分图文混排效果

（10）绘制景点风景展示图。按"F6"键，绘制 4 个同高度与宽度的矩形。选择所有矩形，执行"对象"→"对齐和分布"→"底端对齐"命令，设置轮廓宽度为 1.5mm，轮廓色为白色。按快捷键"Ctrl+I"，导入 4 张景点风景图片素材，执行"对象"→"PowerClip"→"置于图文框内部"命令，分别将 4 张图片精确裁剪于 4 个矩形中。分别单击这 4 个矩形，单击"编辑"按钮，调整位图的位置与大小，单击"完成"按钮，效果如图 7-56 所示。

图 7-56　景点风景展示图

（11）绘制表格。选择"表格"工具田，在属性栏中设置 6 行、3 列，绘制表格。选择第一行，设置属性栏中的背景色为青色，边框为 0.5mm。分别单击单元格，输入文本信息。单击属性栏中的按钮，分别设置文本在单元格中的对齐方式为"居中垂直对齐"，完成表格的绘制，效果如图 7-57 所示。

景区名称	地址	景点等级
南山寺	贵港市港南区南山路南山景区内	AA
桂平西山	贵港市桂平市西山路3号	AAAA
龙潭国家森林公园	贵港市桂平市南木镇金田林场114号	AAAA
平天山国家森林公园	贵港市港北区覃塘管理区覃塘镇根竹乡	AAAA
桂平大藤峡景区	大藤峡位于桂平城区西北约8千米处	AAA

图 7-57　表格效果

（12）制作画册第 3 页的背景图。导入素材"世纪广场 1.jpg"，选择"透明度"工具，设置线性渐变透明，拖动出如图 7-58 所示的透明效果。执行"对象"→"PowerClip"→"置于图文框内部"命令，将处理好的素材放置在背景矩形中，编辑其大小与位置，使其不影响文本的观看，效果如图 7-59 所示。

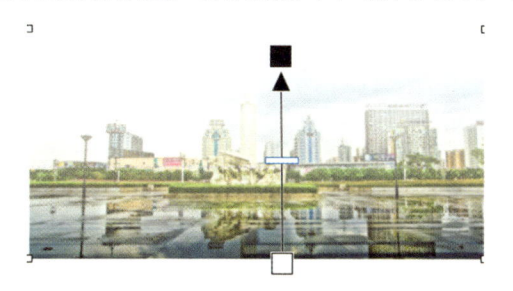

图 7-58　透明效果　　　　　图 7-59　"世纪广场"裁剪效果

（13）使用同样的方法，按快捷键"Ctrl+I"，导入素材"楼房.jpg"，将其精确裁剪于背景矩形中，编辑其大小及位置，效果如图 7-60 所示。

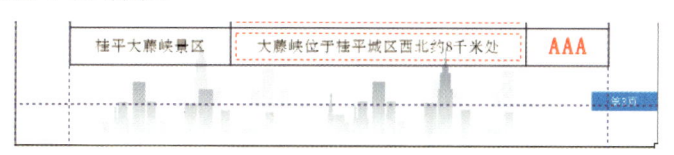

图 7-60　"楼房"裁剪效果

（14）检查画册的整体排版效果，调整标题与文本的位置。按快捷键"Ctrl+S"，保存文件为"贵港宣传画册内页.cdr"。按快捷键"Ctrl+E"，导出 JPG 文件，命名为"贵港宣传画册内页.jpg"。

任务 3　制作摄影作品集

任务展示

任务分析

摄影作品集的设计与制作过程包括初期阶段的概念成型、中期阶段的实际拍摄、后期阶段的后期制作、作品的编辑和排版等环节。

作品集封面主要包含标题、作者姓名、补充信息、创作理念等信息。目录和个人简介制作成对折页，左边"空白"或者放介绍作者、作品的关键信息，右边放目录。内页服务于作品的创作内涵呈现，排版不要太满。首先，作品集通过"图"的组织和组合来表达设计概念，图片一定要精挑细选，重要的图要放大，避免放置无意义或信息量很少的图。其次，作品集的"文本"是用来阅读或者用于版面装饰的，整个作品不超过4种字体，依据"文本"类型如大标题、副标题和小字设置不同的字号。通常，在同一个页面中，标题需要重点突出，分两栏或三栏排版，边距大一些，版面适度"留白"。

本任务制作的是摄影作品集封面封底的平面和立体效果图及内页模板，其版面设计采用色彩对比的色块、图文混排等方式来增强视觉冲击力与设计感。本任务主要使用"文本""轮廓描摹""智能填充"等工具和命令来完成。

任务实施

（1）启动 CorelDRAW 2021，单击"新建"按钮新建文档，在属性栏中设置纸张宽度为420mm、高度为297mm。

（2）添加辅助线。执行"布局"→"文档选项"→"辅助线"→"垂直"命令，添加垂直辅助线210、315、420。执行"查看"→"贴齐"→"贴齐辅助线"命令。

（3）绘制封面背景。按"F6"键，绘制 3 个矩形，宽度、高度分别为（210mm，297mm）、（105mm，297mm）、（210mm，297mm），填充色分别为（C：0；M：0；Y：0；K：5）、（C：56；M：61；Y：68；K：7）、（C：0；M：0；Y：0；K：5），效果如图 7-61 所示。

（4）制作"摄影集"双色字。按"F8"键，输入文字"摄"，设置字体为"微软雅黑，加粗"，字号为 80pt，轮廓色和填充色均为（C：56；M：61；Y：68；K：7），按快捷键"Ctrl+Q"，将文本转换为曲线。选择"智能填充"工具，设置其属性栏中的填充色和轮廓色参数为，填充效果如图 7-62 所示。使用同样的方法，制作出"影""集"双色字，效果如图 7-63 所示。

（5）封面文案排版。按"F8"键，单击属性栏中的按钮，设置文字方向为竖排，字体为"方正书宋简体"，字号为 16pt，输入文案。按"F6"键，绘制一个轮廓色与填充色均为（C：6；M：37；Y：96；K：0）的矩形，放置于文案中的"光与影""时光"下方，起到装饰作用，效果如图 7-64 所示。

图 7-61 封面背景效果　　图 7-62 "摄"字填充效果　　图 7-63 "摄影集"双色字效果　　图 7-64 封面文案排版效果

（6）制作"作品"双色字。按"F8"键，设置字体为"方正仿宋简体"，分别输入文字"作""品"，字号分别为100pt和75pt。复制一份文字，叠放顺序为颜色为白色的文字在上面，颜色为（C：56；M：61；Y：68；K：7）的文字在下面。按"F6"键，绘制一个轮廓色与填充色均为（C：6；M：37；Y：96；K：0）的矩形。调整文字和矩形的位置。选择白色文字，执行"对象"→"PowerClip"→"置于图文框内部"命令，将其精确裁剪至背景矩形中，完成双色字的制作，效果如图7-65所示。

（7）制作有画框装饰的作品。按"F6"键，绘制一个宽度为30mm、高度为40mm的矩形，填充50%的黑色。按"F6"键，绘制一个宽度为25mm、高度为33mm的矩形。将两个矩形水平、垂直居中对齐。选择"2点线"工具，绘制矩形的对角线，设置轮廓色为20%的黑色。调整矩形的对角落在对角线上。

（8）选择"智能填充"工具，设置参数为 填充选项：指定 轮廓：指定 无，填充两个矩形的左、右两侧，颜色为20%的黑色。按快捷键"Ctrl+I"，导入素材"风景.jpg"。执行"对象"→"PowerClip"→"置于图文框内部"命令，将图片精确裁剪至中间的矩形中，调整图片的位置。选择该步骤绘制的图形，按快捷键"Ctrl+G"进行组合，效果如图7-66所示。

（9）装饰文案排版。

① 按"F6"键，绘制一个轮廓色和填充色均为（C：6；M：37；Y：96；K：0）的矩形。选择"透明度"工具，在属性栏中单击"均匀透明度"按钮，设置透明度为50%。选择"文本"工具，分别输入"P""ERSONAL"，设置填充色为白色，调整其大小与位置，效果如图7-67所示。

图7-65 "作品"双色字效果　　图7-66 画框装饰效果　　图7-67 装饰文案效果（1）

② 按"F8"键，设置文字方向为竖排，输入"Photo gallery"，设置填充色为（C：6；M：37；Y：96；K：0）。选择"形状"工具，向右拖动按钮，增加字间距。选择"选择"工具，调整文本的位置与大小，效果如图7-68所示。

（10）插画排版。

① 按快捷键"Ctrl+I"，导入素材"速写.png"。选择"透明度"工具，在属性栏中单击"均匀透明度"按钮，设置透明度为90%。选择"选择"工具，调整素材的大小和位置，效果如图7-69所示。

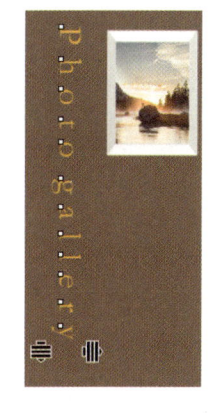

图7-68 装饰文案效果（2）　　图7-69 "速写"插画效果

② 将"路灯"位图转换为可编辑的矢量图。按快捷键"Ctrl+I",导入素材"路灯.png"。执行"位图"→"轮廓描摹"→"高质量图像"命令,设置细节为75,平滑为25,删除原图,得到矢量图。设置该图形的轮廓色为白色,填充色为无。选择"透明度"工具,在属性栏中单击"均匀透明度"按钮,设置透明度为70%。选择"选择"工具,调整图形的大小和位置,效果如图7-70所示。

③ 按快捷键"Ctrl+I",导入素材"自行车.jpg"。执行"位图"→"位图遮罩"命令,在弹出的泊坞窗中用吸管吸取背景色,设置容限为75%,选择"隐藏选定项"单选按钮,单击"应用"按钮,删除位图背景色,如图7-71所示。执行"位图"→"轮廓描摹"→"线条图"命令,将位图转换为矢量图,参数设置如图7-72所示。选择"选择"工具,选择"自行车"矢量图群组中的矩形,删除不需要的图形,调整其大小与位置,效果如图7-73所示。

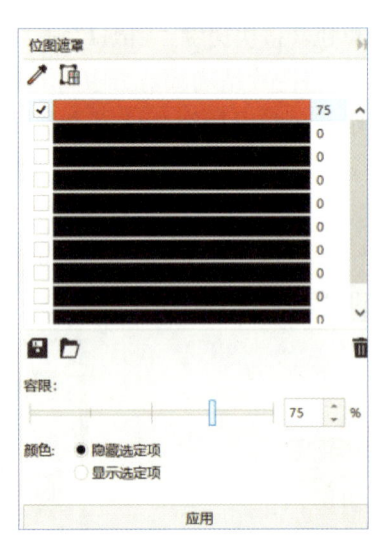

图7-70 路灯效果　　　　图7-71 位图遮罩参数设置

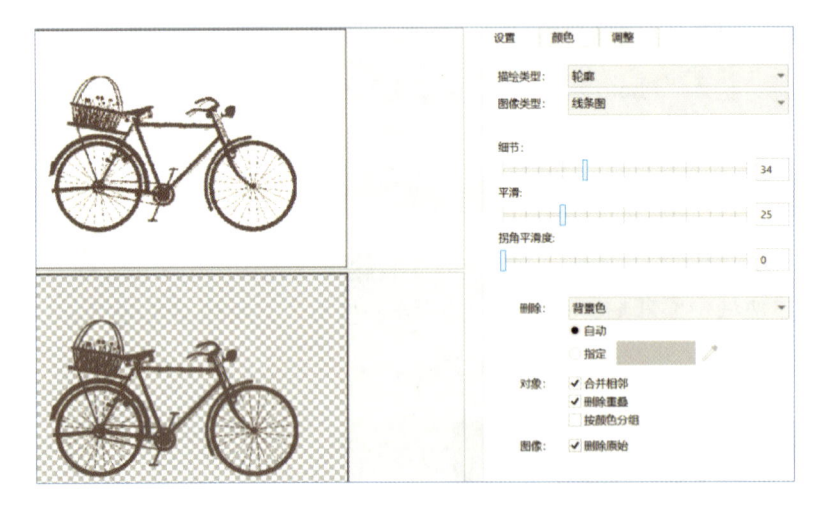

图7-72 将位图转换为矢量图参数设置　　　　图7-73 "自行车"插画效果

④ 按快捷键"Ctrl+I",导入素材"蝴蝶.png"。调整封面图形与文本的位置及大小,效果如图7-74所示。

(11)制作封底主题字。

① 按"F8"键,分别输入文本"作品集""2020年",设置字体为"方正隶书简体",无轮廓色,填充色为(C:56;M:61;Y:68;K:7),调整文本的位置与大小。选择"椭圆形"工具,绘制一段弧线。将鼠标指针移动到绘制的路径旁边,当鼠标指针变成弧形时单击,设置属性栏中的参数为

ABC |xx 0.1 cm -xx 0.235 cm，输入文本"给懂我的人"，调整文本的位置与大小，效果如图 7-75 所示。

② 设置路径曲线无轮廓色，隐藏路径。选择"椭圆形"工具，绘制 6 个正圆形，设置轮廓色和填充色均为（C：0；M：60；Y：96；K：0），效果如图 7-76 所示。

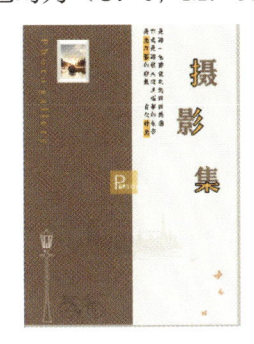

图 7-74　封面效果　　　　　图 7-75　简介信息效果　　　　　图 7-76　装饰图形效果

③ 选择"选择"工具，框选此操作步骤中的所有文字与图形，按快捷键"Ctrl+G"进行组合。

（12）打开"文案.docx"文件，选择相应文字，按快捷键"Ctrl+C"。返回本作品的绘图区，按"F8"键，拖动鼠标，绘制段落文本框，设置字体为"方正书宋简体"、字号为 12pt，按快捷键"Ctrl+V"粘贴文本信息，调整文本的字间距和行间距，效果如图 7-77 所示。

（13）按快捷键"Ctrl+I"，分别导入素材"蝴蝶.png""树林.png"。检查封面封底的整体排版效果，调整标题与文本的位置，最终效果如图 7-78 所示。按快捷键"Ctrl+S"，保存文件为"摄影作品集.cdr"。按快捷键"Ctrl+E"，导出 JPG 文件，命名为"摄影作品集封面封底平面图.jpg"。

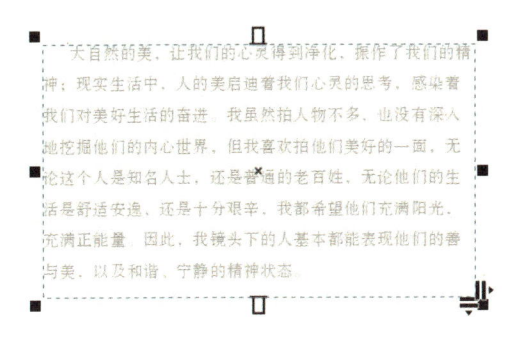

图 7-77　封底文案效果　　　　　图 7-78　封面封底平面图

（14）制作封面封底立体图。

① 单击"+"按钮，新增页面，将页面重命名为 + 1: 封面封底平面图　2: 封面封底立体图 。

② 选择"选择"工具，框选封面封底平面图中的所有对象，按快捷键"Ctrl+C"，单击"封面封底立体图"页面，按快捷键"Ctrl+V"粘贴所有对象。

③ 选择"选择"工具，框选封底的所有对象，按快捷键"Ctrl+G"，将对象组合在一起。再次选择"选择"工具，当出现调整按钮时，向上拖动按钮，使对象向上倾斜。

④ 使用同样的方法，框选封面的所有对象，使其向上倾斜，完成封面封底立体图的制作，效果如图 7-79 所示。

⑤ 按快捷键"Ctrl+E"，导出 JPG 文件，命名为"摄影作品集封面封底立体图.jpg"。

（15）制作内页模板。

① 单击"+"按钮，新增页面，将页面重命名为"内页"。

② 按"F6"键，绘制一个与绘图区一样大小的矩形。再次选择"矩形"工具，绘制 3 个矩形，设

置填充色为（C：0；M：60；Y：96；K：0），用于定位、装饰页面边距，效果如图 7-80 所示。

图 7-79　封面封底立体图　　　　　　　　图 7-80　页面边距装饰矩形效果

③ 选择"2 点线"工具，绘制虚线，用于定位、装饰版面。

④ 按"F8"键，输入一级标题、二级标题、文本信息等内容，效果如图 7-81 所示。

⑤ 按"F6"键，绘制一个宽度、高度均为 92.2mm 的矩形，旋转 45°，填充 20%的黑色。将矩形复制 3 份，调整图形的位置，效果如图 7-82 所示。

图 7-81　版面布局效果　　　　　　　　　图 7-82　图像布局效果

⑥ 绘制一个宽度、高度均为 49.9mm 的矩形，旋转 45°。导入素材"油菜花.jpg"，执行"对象"→"PowerClip"→"置于图文框内部"命令，将图片精确裁剪于矩形中。将矩形复制 3 份，调整图形的位置，效果如图 7-83 所示。

⑦ 按"F8"键，绘制段落文本框，输入文本信息。选择"其"字，单击属性栏中的"首字下沉"按钮，调整段落文本的字间距和行间距，效果如图 7-84 所示。使用类似的操作方法，完成标题 01、02 及正文的排版，效果如图 7-85 和图 7-86 所示。

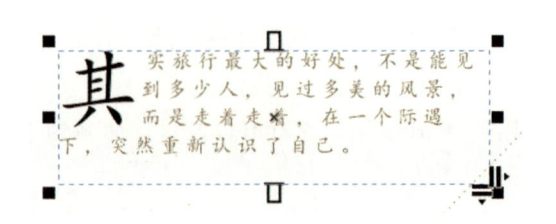

图 7-83　画框效果　　　　　　　　　　　图 7-84　简介文案效果

图 7-85　标题 01 及正文排版效果

图 7-86　标题 02 及正文排版效果

⑧ 选择"钢笔"工具，绘制曲线。导入素材"多肉植物.jpg"，执行"对象"→"PowerClip"→"置于图文框内部"命令，将图片精确裁剪于曲线中，调整图形的位置和大小，效果如图 7-87 所示。

⑨ 复制步骤（10）中制作的自行车线条图，设置填充色为（C：0；M：60；Y：96；K：0），调整版面文字、图形的位置与大小，效果如图 7-88 所示。

图 7-87　"多肉植物"裁剪效果

图 7-88　"自行车"装饰效果

⑩ 制作装饰文字和图形。按"F7"键，按住"Ctrl"键，绘制一个正圆形，设置轮廓线为 0.567 pt ，轮廓色为（C：0；M：0；Y：0；K：100），填充色为（C：56；M：61；Y：68；K：7），将圆形复制两份，垂直分布排列。按"F8"键，在正圆形上分别输入"春""之""韵"，设置填充色为白色，无轮廓色。使用同样的方法，输入竖向文字"摄影作品集"，设置填充色为（C：56；M：61；Y：68；K：7），效果如图 7-89 所示。选择"钢笔"工具，绘制垂直曲线，设置轮廓线为 0.567 pt ，调整文字和图形的位置与大小。

⑪ 观察版面的美观性，调整各对象至合适的位置与大小，完成内页模板的制作，效果如图 7-90 所示。按快捷键"Ctrl+S"，保存文件。按快捷键"Ctrl+E"，导出 JPG 文件，命名为"摄影作品集内页模板.jpg"。

图 7-89　装饰文字和图形效果

图 7-90　内页模板效果

项目总结

本项目主要学习了文本、表格、位图的操作。其中，文本的操作主要包括段落文本编辑、文本链接、文本适应路径、图文混排、插入字形等；表格的操作和 Word 中表格的操作相似；位图的操作包括位图与矢量图的相互转换、位图的裁剪及位图的选择、倾斜与旋转等。

本项目制作了画册的封面与内页，以及摄影作品集的封面封底平面图、立体图与内页模板。在制作画册前，要确定画册的受众人群，对画册的整体内容及风格进行构思，关注受众人群的审美倾向。同时，画册的布局要合理、美观，图文混排设计能提升画册档次、丰富画册内涵。

拓展练习

（1）制作企业宣传画册封面，要求：对折页画册封面宽 420mm、高 210mm，效果如图 7-91 所示。

（2）制作摄影作品集内页 2 模板，效果如图 7-92 所示。

图 7-91　企业宣传画册封面效果

图 7-92　摄影作品集内页 2 模板效果

（3）制作企业宣传画册内页，效果如图 7-93 所示。

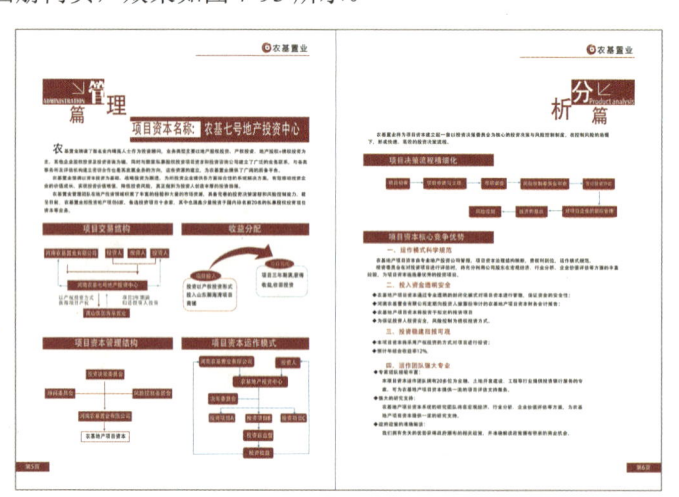

图 7-93　企业宣传画册内页效果

（4）拍摄一组家乡或就读学校的风景照片，以"爱之家"为主题，设计与制作对折的宣传画册。

项目 8

位图应用——装帧设计与制作

项目导读

虽然 CorelDRAW 是基于矢量图的图形绘制软件,但它的位图处理功能也是非常强大的,利用"位图""效果"菜单中的命令能产生精美的艺术效果。本项目的学习重点是位图色彩调整和滤镜效果的操作与应用,难点是灵活使用工具和命令制作儿童书籍封面和汽车杂志目录。

书籍版式设计包含封面、目录、内文等的版式设计。除了封面、目录要直观地表达主题,配色和字体的组合也要贴合书籍所要表达的意境和风格。封面就是一本书籍的橱窗,是所有人看到这本书的第一印象。所以,设计人员在设计封面的时候不仅需要考虑这本书的内容,还需要考虑这本书的读者群体的审美心理。

学习目标

- 能调整位图的色彩。
- 能应用滤镜调整位图的效果。
- 能制作儿童书籍封面和汽车杂志目录。
- 培养色彩应用能力,提升创新意识和审美能力。

项目任务

- 制作儿童书籍封面。
- 制作汽车杂志目录。

8.1 位图色彩调整

1. 位图的色调调整

色调指的是图像中色彩的总体倾向，最多的色彩或不同颜色的物体都带有同一色彩倾向的现象就是色调。例如，北方的冬季大雪纷飞，所有的景物都处于银白色的世界之中，此时就是白色调。执行"效果"→"调整"命令组中的命令，可以对导入位图的色调、亮度、颜色平衡、色度等进行调整。

2. 位图的色度/饱和度/亮度调整

执行"色度/饱和度/亮度"命令，通过对已选择位图的色度、饱和度和亮度进行设置，可以使其颜色发生改变。"色度"是指图像的颜色。"饱和度"是指图像颜色的浓度，当该值降低到-100时，图像就会失去颜色，变成黑白色调。"亮度"是指颜色的相对明暗程度。"通道"选项组的作用是选择整体的颜色进行编辑，或单独指定某种颜色进行编辑。

调整位图饱和度的操作方法为：选择"选择"工具，选择需要处理的位图，如图8-1所示。执行"效果"→"调整"→"色度/饱和度/亮度"命令，在弹出的"色度/饱和度/亮度"对话框中调整饱和度参数，如图8-2所示，单击"确定"按钮，效果如图8-3所示。

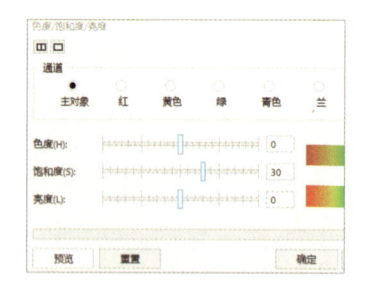

图 8-1　饱和度不足的位图　　　图 8-2　调整饱和度参数　　　图 8-3　提高饱和度的位图

3. 位图的高反差调整

"高反差"命令用于在保留阴影和高亮度显示细节的同时，调整颜色、色调和对比度。交互式柱状图可以将亮度值更改到可打印限制，也可以通过从位图中取样来调整柱状图。

先使用"选择"工具选择位图，再执行"效果"→"调整"→"高反差"命令，弹出"高反差"对话框，其中各选项的含义如下。

（1）吸管取样：用于设置吸管工具的取样种类。

（2）通道：用于选择要进行调整的颜色通道。

（3）自动调整：勾选"自动调整"复选框，可自动对选择的颜色通道进行调整，还可以对黑、白色限定范围进行调整。

（4）柱状图显示剪裁：用于设置色调柱状图的显示效果。

（5）输入值剪裁：在使用"白色吸管工具"吸取图像中的亮色调时，在"输入值剪裁"选项右侧的数值框中，最亮处的色值将跟随吸管所取样图像的色调同步改变，图像效果也会随之改变。使用"黑色吸管工具"高反差的功能也是一样的。

（6）输出范围压缩：色阶示意图下面的"输出范围压缩"选项用于指定图像最亮色调和最暗色调的标准值，拖动相应的三角滑块可调整对应的色调效果。

（7）伽玛值调整：拖动滑块调整图像的伽玛值，从而提高低对比度图像中的细节部分。

双预览窗口和单预览窗口高反差：单击双预览窗口可显示比对预览窗口，窗口的右侧上方显示的是原图像，右侧下方显示的是完成各项设置后的效果图。将鼠标指针移动到右侧的预览窗口中，按下鼠标左键并拖动，可平移视图；单击，可放大视图；单击鼠标右键，可缩小视图。单预览窗口只可显示一个预览窗口，即完成各项设置后的效果图。

调整位图输出颜色的浓度，可以从最暗区到最亮区重新分布图像颜色的浓淡度来调整阴影区域、中间区域和高光区域。可以通过高反差调整图像的亮度、对比度和强度，使得阴影区域和高光区域的细节不被丢失，也可以通过定义色调范围的起始点和结束点在整个色调范围内重新分布像素值。如分别使用吸管吸取图像中的白云、马身上黑灰色部分，用于定义高光区域和阴影区域，单击"OK"按钮，即可调整位图颜色，如图 8-4 所示。

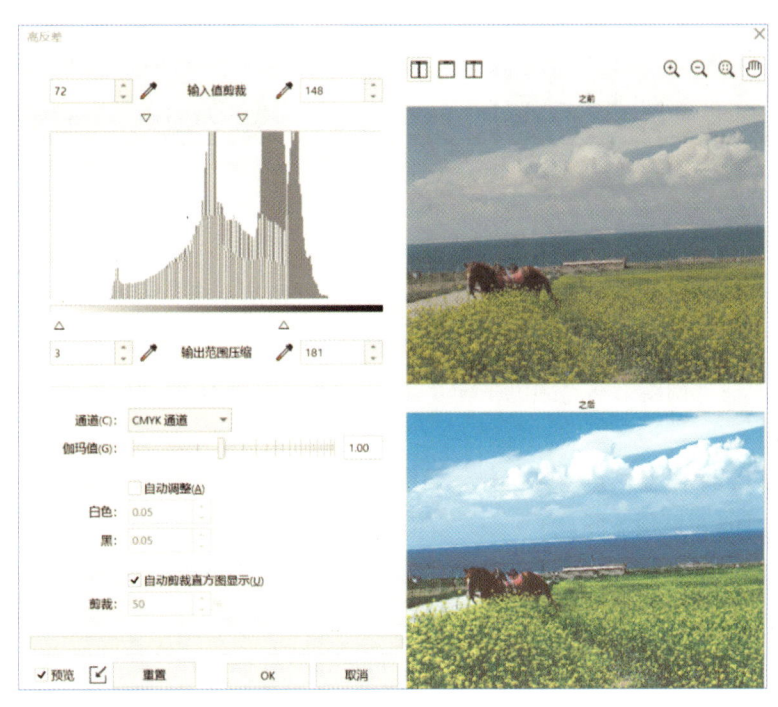

图 8-4　高反差调整样例

4．调合曲线

调合曲线通过调整单个颜色通道或复合通道（所有复合的通道）来进行颜色和色调校正。色调曲线代表阴影（图形底部）、中间调（图形中间）和高光（图形顶部）。图形的 X 轴代表原始图像的色调值，Y

轴代表调整后的色调值。如果要选择调整图像中的特定区域，则也可以使用吸管工具在图像窗口中进行选择。

在色调曲线上单击可以添加控制节点，通过拖动节点调整曲线的形状来调整图像的亮度与对比度。色调曲线上的控制点向上移动可以使图像变亮，反之则变暗。导入一张亮度不足的位图，如图 8-5 所示。先使用"选择"工具 选择位图，再执行"效果"→"调整"→"调合曲线"命令，弹出"调合曲线"对话框，通过观察直方图，可以知道该位图的亮度不足，如图 8-6 所示。提升色调曲线的中间调，提高位图的亮度，如图 8-7 所示。

图 8-5　亮度不足的位图 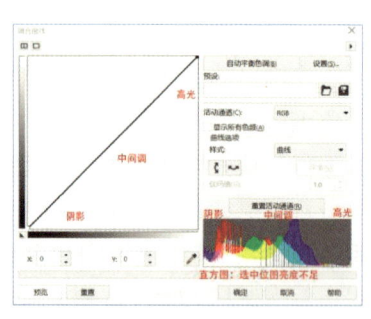　　　　图 8-6　调合曲线注解图 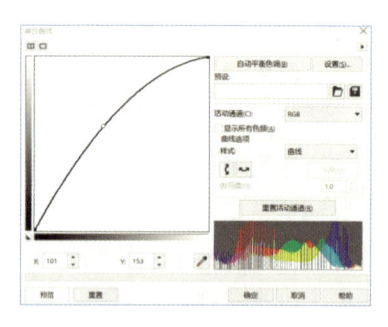　　　　图 8-7　提升中间调来提高位图的亮度

色调曲线呈 S 形的作用是使图像中原来较亮的部位变得更亮、原来较暗的部位变得更暗，以此来提高图像的对比度。如图 8-8 所示，左图是需要调整的图像，中图是调合曲线调整情况，右图是调整后的效果。

图 8-8　调整图像的对比度

5．颜色平衡

"颜色平衡"命令通常用于纠正或调整图像色彩。使用"颜色平衡"命令调整位图的方法如下。

（1）导入图片，选择位图，调整前效果如图 8-9 所示。

（2）执行"效果"→"调整"→"颜色平衡"命令或按快捷键"Ctrl+Shift+B"，弹出"颜色平衡"对话框。

（3）调整预览窗口。单击双预览窗口可显示原图和效果图两个窗口，左窗口显示的是原图，右窗口显示的是完成各项设置后的效果预览图。

（4）勾选调整范围。可以在"范围"选项组中勾选需要调整颜色的范围，勾选后才会调整相应的颜色平衡。

（5）调整颜色通道。拖动颜色通道下面的滑块，将青色或红色、品红色或绿色、黄色或蓝色添加到位图选定的色调中，并调整颜色色值。例如，如果希望减少色调中的蓝色，则可以将颜色值从蓝色向黄色偏移。

（6）选择范围不同的调整。当选择范围不同时，调整颜色通道得到的效果不同。

（7）重置效果。单击"重置"按钮，参数将恢复原样，可以重新调整参数。

根据需要设置各项参数（青-红：-100；品红-绿：100；黄-蓝：-100；选择调整中间色调、高光、保持亮度），如图 8-10 所示，单击"OK"按钮，则图像的高光和中间色调调整为绿色，由于没有选择阴影范围，所以该区域的色彩没有被调整，效果如图 8-11 所示。

图 8-9　调整前效果 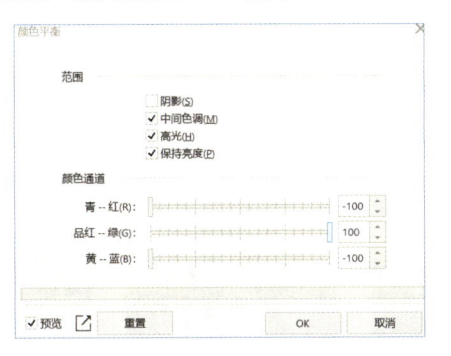　　　图 8-10　颜色平衡参数设置 　　　图 8-11　调整后效果

6. 替换颜色

在工作中，有时需要改变图像中的某种颜色，这时使用"替换颜色"命令，可以快速地改变选择的颜色而不改变图像中的其他颜色。

操作方法如下：

（1）导入素材，调整前效果如图 8-12 所示。

（2）执行"效果"→"调整"→"替换颜色（旧式）"命令，如图 8-13 所示。

（3）在弹出的"替换颜色"对话框中，在"原始"颜色处使用吸管吸取需要替换的颜色（照片的背景色：蓝色），在"新建"颜色处选择替换后的颜色（红色），单击"确定"按钮，完成颜色替换，效果如图 8-14 所示。

图 8-12　调整前效果 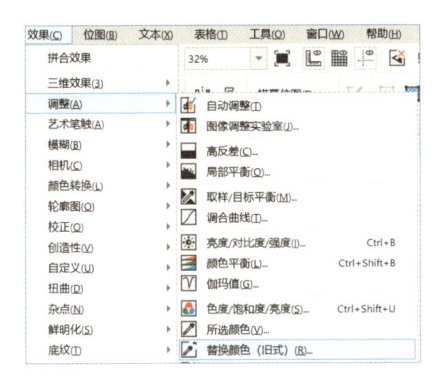　　　图 8-13　选择"替换颜色（旧式）"命令 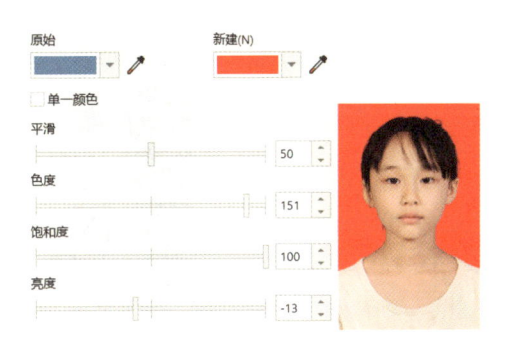　　　图 8-14　替换颜色设置及效果

8.2　位图滤镜效果

位图滤镜的使用可能是位图处理过程中最具魅力的操作，它能迅速改变位图的外观效果。在"效果"菜单中，CorelDRAW 提供了十多种滤镜，在每类滤镜的子菜单中又包含多个滤镜效果命令。此外，还可以选择第三方厂商出品的滤镜，使位图产生丰富多彩的效果。

> **提示**
>
> 矢量图没有滤镜效果，如果要应用滤镜效果，则只能将矢量图转换为位图。

1. 模糊滤镜

CorelDRAW 2021 中模糊滤镜的功能非常强大，使用模糊滤镜可以使位图产生不一样的效果。

操作方法为：选择位图，执行"效果"→"模糊"命令，弹出"模糊"滤镜子菜单，各滤镜效果如图 8-15 所示。

图 8-15　模糊滤镜效果样图

2. 轮廓图滤镜

使用轮廓图滤镜可以突出显示和增强图像的边缘，并以线条的方式将位图边缘勾勒出来，从而给位图添加不同的轮廓效果。轮廓图滤镜包括边缘检测、查找边缘和描摹轮廓 3 种滤镜效果。

操作方法为：选择位图，执行"效果"→"轮廓图"命令，弹出"轮廓图"滤镜子菜单，各滤镜效果如图 8-16 所示。

图 8-16　轮廓图滤镜效果样图

复制调整前的位图，将设置轮廓图滤镜后的位图放置于原位图上方，可以产生增强轮廓的手绘效果，如图 8-17 所示。根据作品需要，通过设置滤镜参数，可以产生丰富的艺术效果。

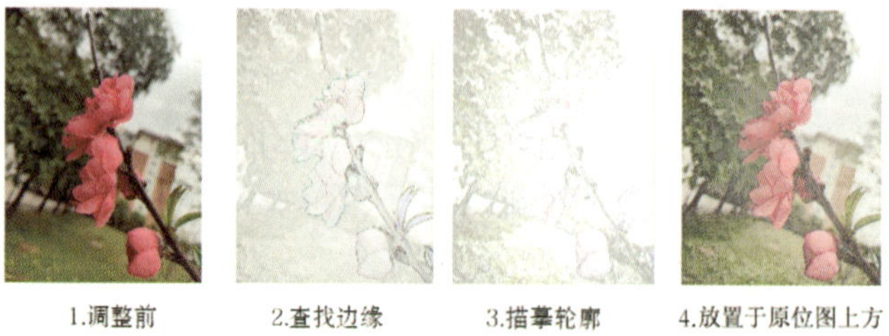

图 8-17　增强轮廓的手绘效果

3．三维效果滤镜

使用三维效果滤镜可以使选择的位图产生不同类型的立体效果。三维效果滤镜包括三维旋转、柱面、浮雕、卷页、挤远/挤近、球面 6 种滤镜效果。

操作方法为：选择位图，执行"效果"→"三维效果"命令，弹出"三维效果"滤镜子菜单，各滤镜效果如图 8-18 所示。

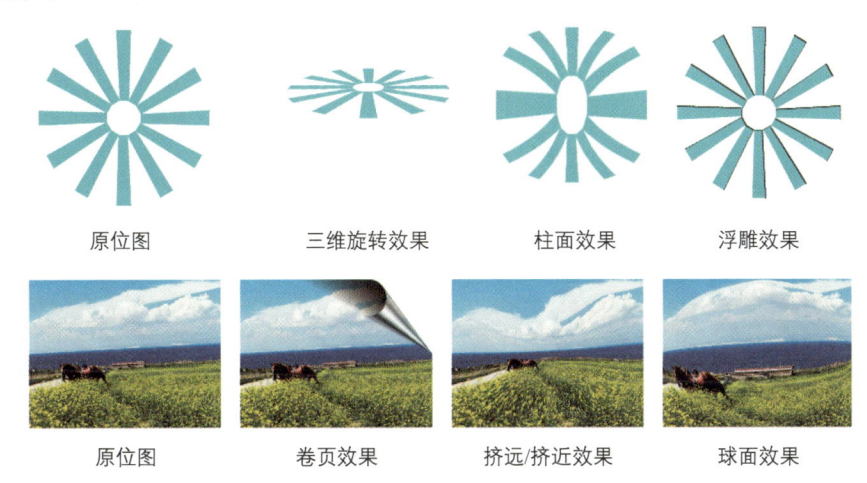

图 8-18　三维效果滤镜效果样图

4．相机滤镜

使用相机滤镜可以模拟各种相机镜头产生的效果，包括着色、扩散、照片过滤器、棕褐色色调和延时效果等。

操作方法为：选择位图，执行"效果"→"相机"命令，弹出"相机"滤镜子菜单，分别设置了着色值 142、照片过滤器 20%密度"红色"、棕褐色色调值 50、延时的滤镜效果如图 8-19 所示。

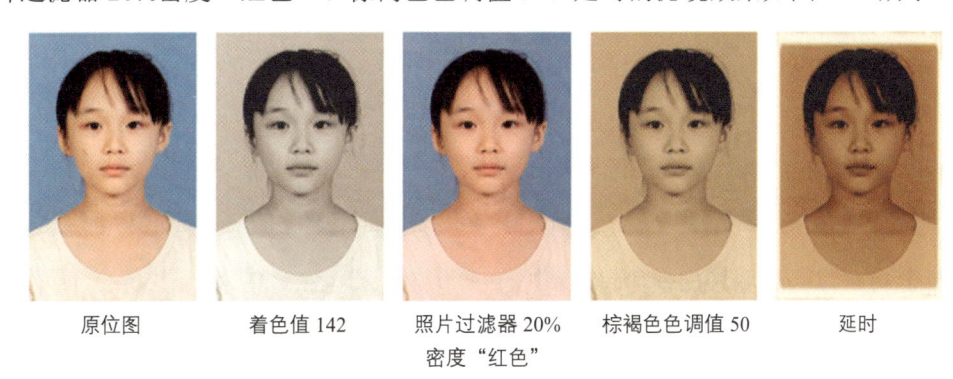

图 8-19　相机滤镜效果样图

5．颜色转换滤镜

使用颜色转换滤镜可以通过减少或替换颜色来创建摄影幻觉效果，包括位平面、半色调、梦幻色调和曝光 4 种滤镜效果。"位平面"滤镜可以使位图中的颜色以红色、绿色、蓝色 3 种色块平面显示出来，用纯色来表示位图中颜色的变化，以产生特殊的视觉效果。"半色调"滤镜可以使位图产生彩色网板的效果。若把彩色图片去色，添加该滤镜效果，则相当于无彩报纸。"梦幻色调"滤镜可以使位图中的颜色变得明快、鲜亮，从而产生一种高对比度的幻觉效果。"曝光"滤镜可以将位图制作成类似胶片底片的效果。

操作方法为：选择位图，执行"效果"→"颜色转换"命令，弹出"颜色转换"滤镜子菜单，选择滤镜类型，设置参数，效果如图 8-20 所示。

（a）位平面

（b）半色调

（c）梦幻色调

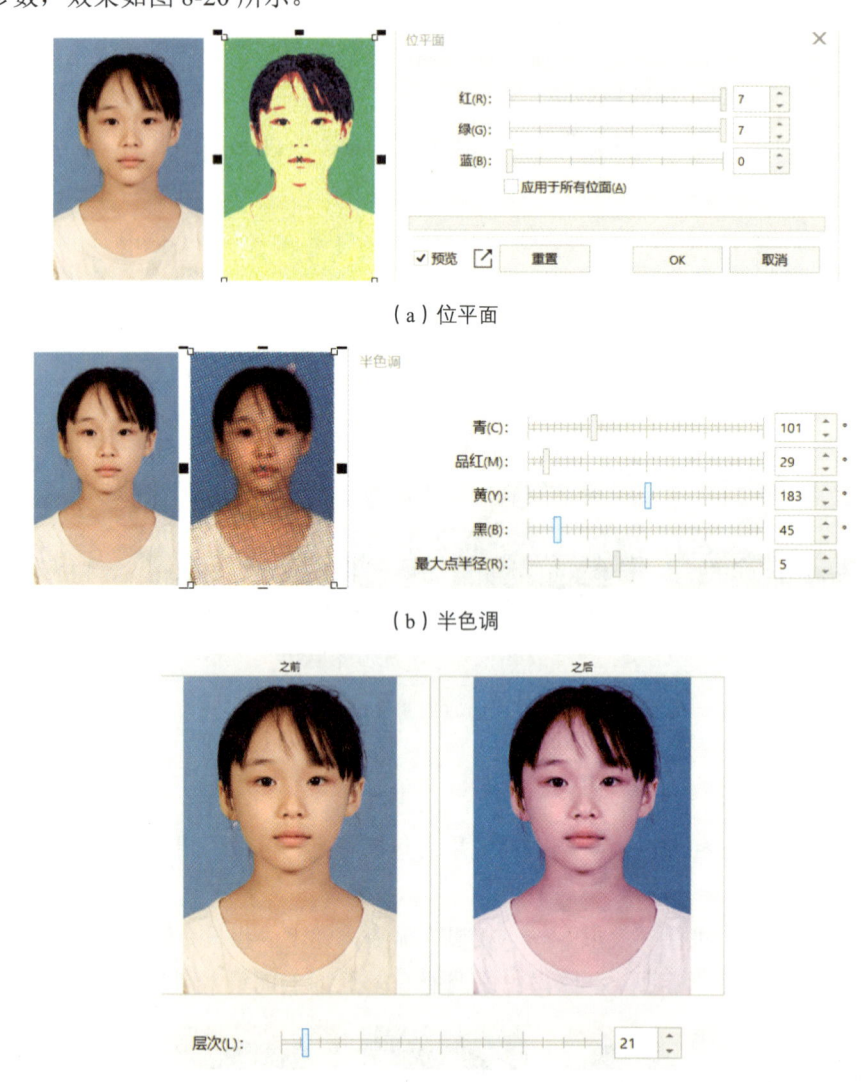

图 8-20　颜色转换滤镜效果样图

6．创造性滤镜

　　使用创造性滤镜可以为位图添加各种底纹和形状，包括艺术样式、晶体化、织物、框架、玻璃砖、马赛克、散开、茶色玻璃、彩色玻璃、虚光、旋涡等滤镜效果。其中，"艺术样式"滤镜可以使位图产生类似于素描、蜡笔、木版画等手绘的画面效果；"晶体化"滤镜可以使位图产生类似于晶体块状组合的画面效果；"织物"滤镜可以使位图产生类似于各种编织物的画面效果；"框架"滤镜可以使位图边缘产生艺术的抹刷效果；"玻璃砖"滤镜可以使位图产生透过块状玻璃看到的画面效果；"马赛克"滤镜可以使位图产生类似于马赛克拼接成的画面效果；"散开"滤镜可以将位图分解成颜色点；"茶色玻璃"滤镜可以使位图产生类似于透过茶色玻璃或其他单色玻璃看到的画面效果；"虚光"滤镜可以使位图周围产生虚光的画面效果；"旋涡"滤镜可以按指定的角度旋转，使位图产生旋涡的变形效果。

　　操作方法为：选择位图，执行"效果"→"创造性"命令，弹出"创造性"滤镜子菜单，根据需要设置参数，部分滤镜效果样图如图 8-21 所示。

(a) 艺术样式（左边为原图，中间为滤镜效果，右边为参数设置）

(b) 框架（左边为原图，中间、右边分别为不同参数的滤镜效果）

(c) 左边为原图，中间、右边分别为虚光、旋涡滤镜效果

图 8-21　创造性滤镜效果样图

7．扭曲滤镜

使用扭曲滤镜可以为位图添加各种扭曲效果，包括块状、置换、网孔扭曲、偏移、像素、龟纹、旋涡、平铺、湿笔画、涡流及风吹等滤镜效果。其中，"块状"滤镜可以使位图分裂成块状的效果；"置换"滤镜可以使位图边缘按波浪、星形或方格等图形进行置换，产生类似于夜晚灯光闪射出射线光芒的扭曲效果；"网孔扭曲"滤镜可以使位图按网格曲线扭动的方向变形，产生飘动的效果；"偏移"滤镜可以使位图产生画面对象的位置偏移效果；"像素"滤镜可以使位图产生由正方形、矩形和射线组成的像素效果；"龟纹"滤镜可以对位图中的像素进行颜色混合，使位图产生畸变的波浪效果；"旋涡"滤镜可以使位图产生顺时针或逆时针的旋涡变形效果；"平铺"滤镜可以使位图产生由多个原位图平铺而成的画面效果；"湿画笔"滤镜可以使位图产生类似于油漆未干时往下流的画面浸染效果；"涡流"滤镜效果可以使位图产生无规则的条纹流动效果；"风吹"滤镜可以使位图产生类似于被风吹过的画面效果。

操作方法为：选择位图，执行"效果"→"扭曲"→"风吹"命令，设置参数，如图 8-22 所示，左图为调整前效果，右图为调整后效果。其他扭曲滤镜的操作方法与之类似，此处不再赘述。

8．杂点滤镜

使用杂点滤镜可以在位图中增加颗粒。

操作方法为：选择位图，执行"效果"→"杂点"命令，弹出"杂点"滤镜子菜单，选择滤镜类型，设置参数，使位图产生粗糙效果。

图 8-22　"风吹"滤镜效果样图

9．鲜明化滤镜

鲜明化滤镜包括适应非鲜明化、定向柔化、高通滤波器、鲜明化及非鲜明化遮罩 5 种滤镜效果。使用鲜明化滤镜可以改变位图中相邻像素的色度、亮度及对比度，从而增强位图的颜色锐度，使位图颜色更加鲜明、突出，使位图更加清晰。其中，"适应非鲜明化"滤镜可以增强位图中对象边缘的颜色锐度，使对象的边缘颜色更加鲜艳，提高位图的清晰度；"定向柔化"滤镜可以通过提高位图中相邻颜色的对比度，突出和强化对象边缘，使位图更清晰；"高通滤波器"滤镜可以增加位图中的颜色反差，准确地显示出位图的轮廓，产生的效果和浮雕效果有些相似；"鲜明化"滤镜可以通过增加位图中相邻像素的色度、亮度及对比度，使位图颜色更加鲜明；"非鲜明化遮罩"滤镜可以增强位图的边缘细节，对模糊的区域进行锐化，从而使位图更加清晰。

操作方法为：选择位图，执行"效果"→"鲜明化"命令，在弹出的"鲜明化"滤镜子菜单中选择"鲜明化"滤镜，设置边缘水平值为 99，效果如图 8-23 所示。其他鲜明化滤镜的操作方法与之类似，此处不再赘述。

图 8-23 "鲜明化"滤镜效果样图

10. 底纹滤镜

使用底纹滤镜可以为位图添加一些底纹效果，使位图呈现出一种特殊的质地感。底纹滤镜包括鹅卵石、折皱、蚀刻、塑料、浮雕及石头 6 种滤镜效果。其中，"鹅卵石"滤镜可以为位图添加一些类似于砖石块拼接的效果，通过设置粗糙度及大小可以使位图拥有岩石一般的效果；"折皱"滤镜可以为位图添加一些类似于折皱纸张的效果，常常用此滤镜制作皮革材质的物品；蚀刻操作通常在抛光的硬物板上进行，如钢板、铜板等，使用"蚀刻"滤镜可以使位图呈现出一种雕刻在金属板上并涂以不同底色的效果；"塑料"滤镜可以描摹位图的边缘细节，通过为位图添加液体塑料质感的效果，使位图看起来更具真实感；"浮雕"滤镜可以增强位图的凹凸立体效果，创造出浮雕的感觉；"石头"滤镜可以使位图产生摩擦效果，呈现石头表面。

操作方法为：选择位图，执行"效果"→"底纹"→"塑料"命令，设置参数，效果如图 8-24 所示。其他底纹滤镜的操作方法与之类似，此处不再赘述。

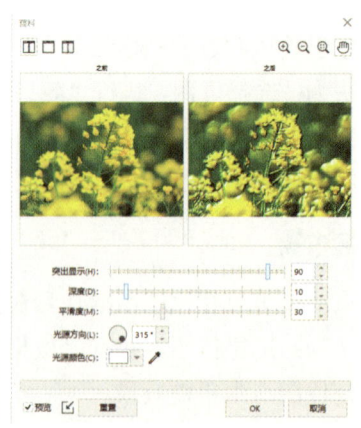

图 8-24 "塑料"滤镜效果样图

项目实施

任务 1　制作儿童书籍封面

任务展示

任务分析

在制作此封面时，设计人员想通过书籍的外在表现形式来传达书籍的主题，以艺术的美丽来吸引读者，调动读者的阅读兴趣。此封面以鲜花为中心，在色彩上主要使用暖色调，插图使用有趣的儿童插画进行点缀。

本任务主要使用"矩形"工具、位图与矢量图的相互转换、位图的滤镜效果来完成。

任务实施

（1）启动 CorelDRAW 2021，单击"新建"按钮新建文档，在属性栏中设置纸张宽度为 620mm、高度为 285mm。

（2）用鼠标右键单击标尺，在弹出的快捷菜单中选择"设置准线"命令，选择"辅助线"中的"垂直"选项，依次输入参数 620、530、320、300、90、0，如图 8-25 所示，单击"添加"按钮，完成设置。

（3）选择"矩形"工具或按"F6"键，绘制一个宽度为 620mm、高度为 285 mm 的矩形，设置填充色为（C：7；M：30；Y：22；K：0）。按快捷键"Ctrl+I"，导入素材"小女孩"。执行"效果"→"创造性"→"虚光"命令，参数设置如图 8-26 所示，效果如图 8-27 所示。

（4）封面布局。绘制两个宽度为 20mm、高度为 93mm 和宽度为 210mm、高度为 93mm 的矩形，无轮廓色，设置填充色为（C：0；M：58；Y：25；K：0）；绘制一个宽度为 210mm、高度为 192mm 的矩形，设置填充色为白色，效果如图 8-28 所示。

图 8-25　垂直参数设置

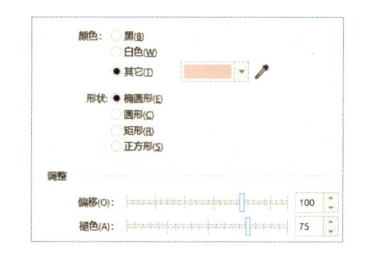

图 8-26　"虚光"滤镜参数设置

图 8-27 "虚光"滤镜效果　　　　　　　　图 8-28 封面布局效果

（5）选择"文本"工具**字**或按"F8"键，单击"文字竖排"按钮，分别输入文本"小作家成长丛书""儿童散文诗""电子工业出版社"。单击"文本属性"按钮，弹出"文本属性"泊坞窗，对字体、字号、颜色及字间距进行设置，效果如图 8-29 所示。

（6）按快捷键"Ctrl+I"，导入素材文件"夏天的风景.jpg"。选择位图，执行"效果"→"调整"→"颜色平衡"命令，参数设置如图 8-30 所示。执行"效果"→"调整"→"色度/饱和度/亮度"命令，设置饱和度为 12，亮度为 5。再次选择位图，执行"对象"→"PowerClip"→"置于图文框内部"命令，当鼠标指针变成箭头形状时，在白色矩形内单击，将图片置于白色矩形中。单击鼠标右键，在弹出的快捷菜单中选择"编辑 PowerClip"命令，调整图片的位置及大小。完成编辑后，单击鼠标右键，在弹出的快捷菜单中选择"完成编辑 PowerClip"命令，效果如图 8-31 所示。

图 8-29 书脊效果　　　　图 8-30 颜色平衡参数设置　　　　图 8-31 调整后的"夏天的风景"图片裁剪效果

（7）按"F8"键，输入文本"夏天的颜色"，设置颜色为（C：13；M：85；Y：55；K：0）。执行"位图"→"转换为位图"命令，将文本转换为位图。选择文本，执行"效果"→"底纹"→"浮雕"命令，在弹出的对话框中设置参数，如图 8-32 所示，效果如图 8-33 所示。

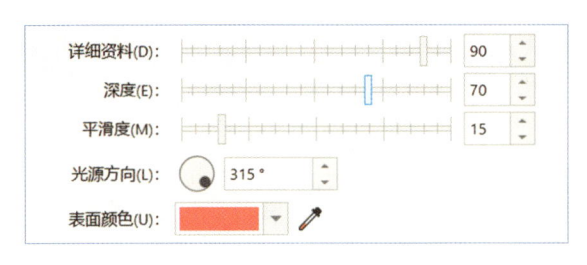

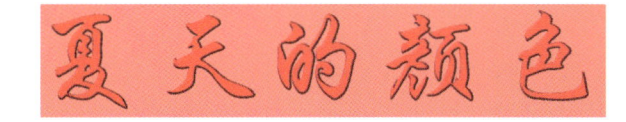

图 8-32 "浮雕"滤镜参数设置　　　　　　　　图 8-33 "浮雕"滤镜效果

（8）按"F8"键，分别输入文本"电子工业出版社""乐乐　主编"，设置颜色为白色，调整文本的大小和位置，封面效果如图 8-34 所示。

（9）制作护封。按"F8"键，分别输入文本"本书特别要求通俗易懂，语言生动活泼，朴素明朗中不失温馨与优美，便于儿童理解与感受，能充分发挥儿童的想象力，提升儿童的审美能力。本书老少皆可品味，适合从 9 岁到 99 岁不同年龄阶段的读者阅读。""小作家成长丛书""梦之国""夏天的颜色""我的风筝""春雨""新年到"，设置字体为"楷体"，颜色为黑色，调整文本的大小和位置；再次按"F8"键，输入文本"儿童散文诗"，文本竖排，设置颜色为（C：1；M：86；Y：54；K：0），护封效果如图 8-35 所示。

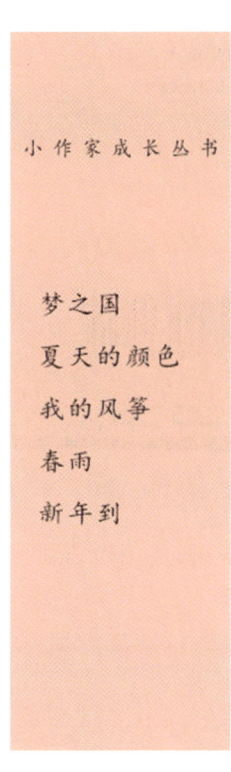

图 8-34　封面效果　　　　　　　　图 8-35　护封效果

（10）按"F7"键，在按住"Ctrl"键的同时拖动鼠标，绘制 6 个正圆形，调整大小，填充黑色，放置在左侧护封的"小作家成长丛书"文本的中间；按"F6"键，绘制一个矩形；按"G"键，填充从黄色到橙色的渐变色，放置在文本"夏天的颜色"下方，调整大小与位置；选择"钢笔"工具，绘制线条，设置颜色为（C：1；M：86；Y：54；K：0），效果如图 8-36 所示。

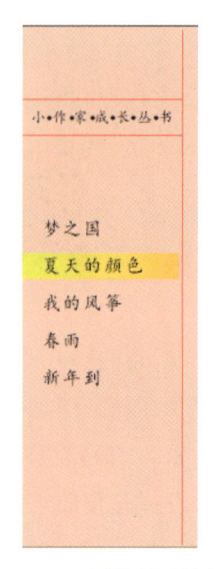

图 8-36 左侧护封装饰效果

（11）插入条形码。执行"对象"→"插入条形码"命令，弹出"条码向导"对话框，如图 8-37 所示，随机插入不多于 30 位的数字，单击"下一步"按钮，弹出"条码向导"的样本对话框，如图 8-38 所示。

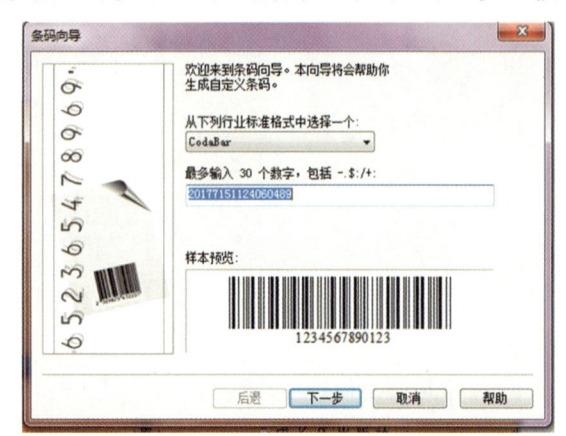

图 8-37 "条码向导"对话框

图 8-38 "条码向导"的样本对话框

（12）单击"下一步"按钮，弹出"条码向导"的属性对话框，如图 8-39 所示，单击"完成"按钮，调整条形码的大小和位置。

（13）按"F8"键，输入编辑信息文本，设置字体为"楷体"、颜色为黑色，调整文本的大小和位置，效果如图 8-40 所示。

图 8-39 "条码向导"的属性对话框

图 8-40 条形码和编辑信息效果

（14）按快捷键"Ctrl+I"，导入素材"花朵"，调整图片的大小和位置；复制"花朵"素材，单击"水平镜像"按钮 ，调整图片的位置。儿童书籍封面最终效果如图 8-41 所示。

图 8-41　儿童书籍封面最终效果

（15）按快捷键"Ctrl+S"，在弹出的对话框中选择保存的位置，输入文件名"儿童书籍封面"，保存类型为默认的"CDR-CorelDRAW"，单击"保存"按钮，保存制作的源文件。按快捷键"Ctrl+E"，导出 JPG 文件，命名为"儿童书籍封面.jpg"。

任务 2　制作汽车杂志目录

任务展示

任务分析

本任务是制作汽车杂志目录。目录的作用是使读者更方便、快捷地了解正文的内容。目录的排版设计要求具有艺术性和风格统一性。本任务将具有机械手绘效果的变形字母与汽车图片进行图文混排，版式新颖、活泼，容易识别。

本任务主要使用"2点线"、位图"亮度与鲜明化"等工具和命令来完成。

任务实施

（1）启动CorelDRAW 2021，单击"新建"按钮新建文档，在属性栏中设置纸张宽度为285mm、高度为420 mm。

（2）用鼠标右键单击标尺，在弹出的快捷菜单中选择"设置准线"命令，选择"辅助线"中的"垂直"选项，输入数值"142.5"，单击"添加"按钮，添加辅助线。

（3）按"F6"键，绘制一个和绘图区一样大小的矩形，设置填充色为（C：0；M：0；Y：0；K：10）。选择"2点线"工具，沿着辅助线绘制一条垂直直线，直线的轮廓宽度为2mm。

（4）按"F6"键，绘制一个宽度为60mm、高度为33mm的矩形，设置填充色为（C：40；M：0；Y：0；K：0），无轮廓色，调整位置，使其右侧贴齐辅助线。分别按快捷键"Ctrl+C""Ctrl+V"，复制两个矩形。选择这3个矩形，按快捷键"Ctrl+Shift+A"，在弹出的对话框中单击"垂直分布"和"右对齐"按钮。复制这3个矩形，调整其位置，效果如图8-42所示。

（5）选择"钢笔"工具，设置轮廓宽度为2mm，在合适的位置逐个单击，最后双击，绘制具有机械手绘效果的大写字母"A"，调整其大小和位置，效果如图8-43所示。

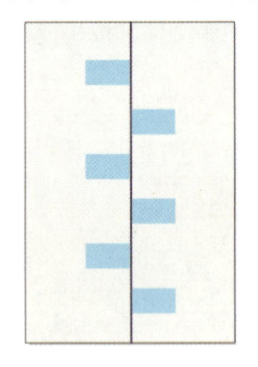

图8-42 目录布局效果　　　　　　　　　　图8-43 字母"A"效果

（6）使用同样的方法绘制字母"C""E"，然后选择这3个字母，按快捷键"Ctrl+Shift+A"，在弹出的对话框中单击"垂直分布"和"右对齐"按钮，效果如图8-44所示。使用步骤（5）和（6）中的操作方法，完成字母"B""D""F"的绘制，调整其大小和位置，效果如图8-45所示。

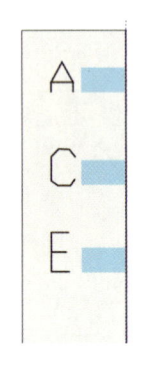

图8-44 左侧字母效果　　　　　　　　　　图8-45 所有字母效果

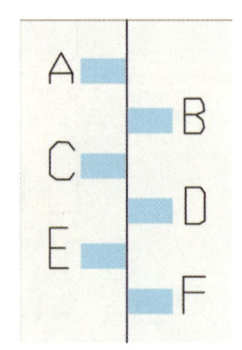

（7）选择"文本"工具或按"F8"键，输入文本"目录"，设置字体为"楷体"、字号为100pt。使用同样的方法，输入英文"CONTENTS"，设置字体为"楷体"、字号为50pt。选择"选择"工具，

双击英文，拖动调整按钮，调整其字间距，然后调整这两组文本的大小及位置，效果如图8-46所示。

（8）按快捷键"Ctrl+I"，导入素材"红旗"。选择导入的素材，按快捷键"Ctrl+B"，弹出"亮度/对比度/强度"对话框，设置亮度为20，对比度为5，如图8-47所示，单击"确定"按钮，完成色彩调整。

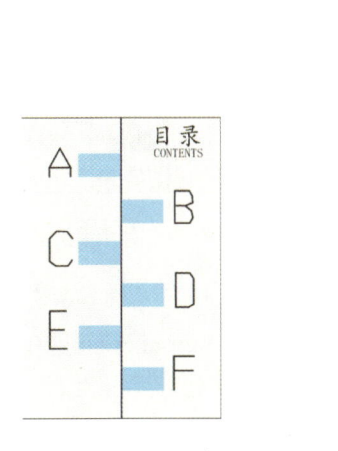

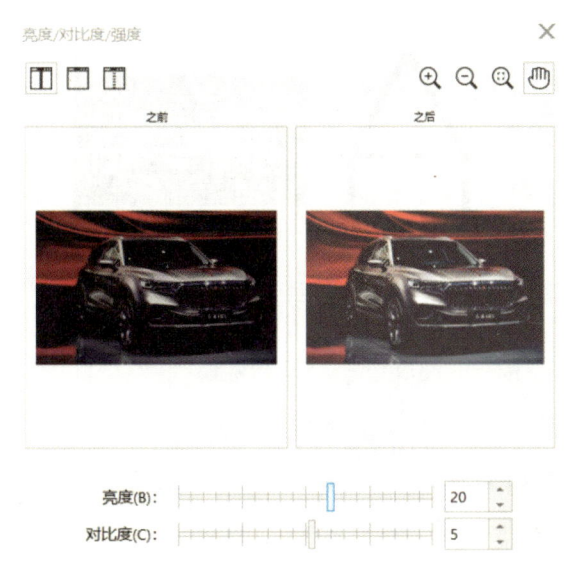

图 8-46　目录信息效果　　　　　　　　图 8-47　亮度和对比度设置

（9）执行"效果"→"鲜明化"命令，在弹出的对话框中，设置边缘水平为20%，阈值为10，如图8-48所示，单击"确定"按钮，完成锐度的调整。

（10）执行"对象"→"PowerClip"→"置于图文框内部"命令，当鼠标指针变成黑色箭头形状时，在蓝色矩形内单击，完成图片的置入。单击鼠标右键，在弹出的快捷菜单中选择"编辑 PowerClip"命令，调整图片的位置。完成编辑后，单击鼠标右键，在弹出的快捷菜单中选择"完成编辑 PowerClip"命令。编辑好的位图效果如图8-49所示。

图 8-48　"鲜明化"滤镜调整效果　　　　图 8-49　编辑好的位图效果

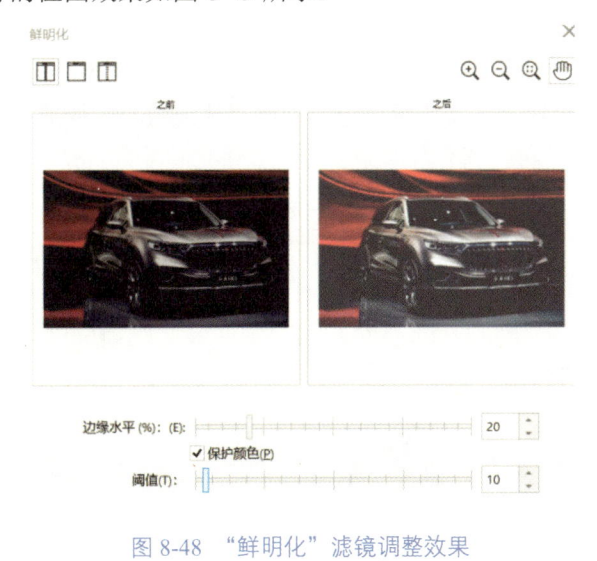

（11）按"F8"键，分别输入文本"001　红旗""004　演绎优雅与低调的极致"，单击属性栏中的"右对齐"按钮，使用"形状"工具，调整行间距，效果如图8-50所示。

（12）使用步骤（8）～（11）中的操作方法，完成所有图文信息的制作与排版，最终效果如图8-51所示。

图 8-50　正文标题、页码信息排版效果 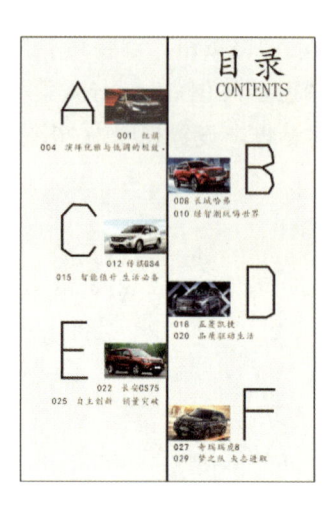　　　　　图 8-51　汽车杂志目录最终效果

（13）按快捷键"Ctrl+S"，在弹出的对话框中选择保存的位置，输入文件名"汽车杂志目录"，保存类型为默认的"CDR-CorelDRAW"，单击"保存"按钮，保存制作的源文件。按快捷键"Ctrl+E"，导出 JPG 文件，命名为"汽车杂志目录.jpg"。

项目总结

本项目学习了 CorelDRAW 2021 中的色彩调整、滤镜效果等位图的基本操作。其中，色彩调整的常用命令有色调、色度/饱和度/亮度、高反差、调合曲线、颜色平衡、替换颜色等，灵活应用色彩调整可以解决位图中的曝光过度或感光不足、对比度不足等问题，丰富位图的色彩效果；常用的滤镜效果有模糊、轮廓图、三维效果、相机、颜色转换、创造性、扭曲、杂点、鲜明化、底纹等，灵活应用滤镜效果可以迅速地改变位图的外观视觉，产生富有创意的艺术效果。

本项目制作了儿童书籍封面和汽车杂志目录。设计人员要在设计前做好主题、受众心理与审美倾向的分析，明确作品中的图形、文字、颜色等所表达的意义、情感和指令行动。同一书籍的封面、封底、目录、正文的设计风格要一致，色彩要协调，并且符合行业排版规范。灵活应用色彩调整和滤镜效果能快速设计出富有创意、具有丰富内涵与艺术感的作品。

拓展练习

（1）制作书籍封面，效果如图 8-52 所示。

图 8-52　书籍封面效果

（2）制作 A 企业的 VI 识别系统手册目录，效果如图 8-53 所示。

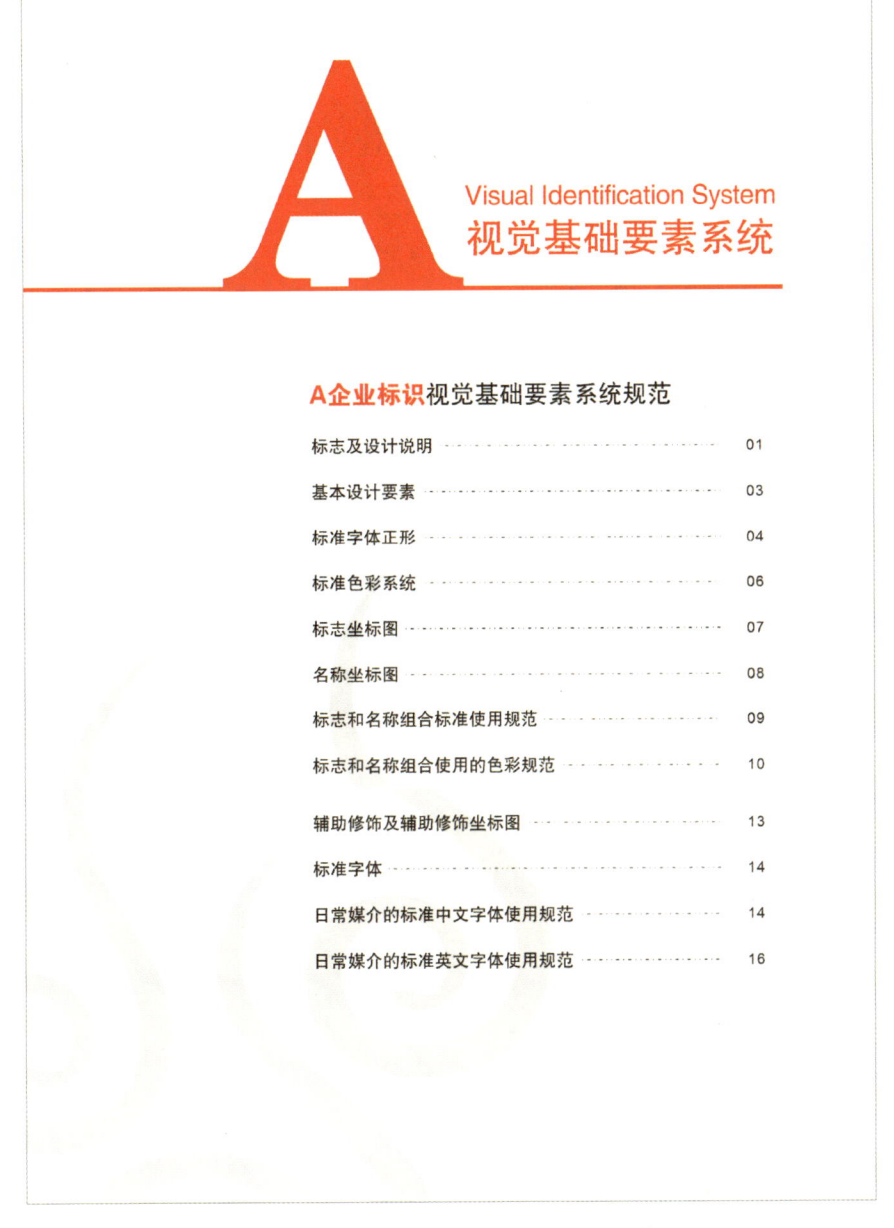

图 8-53 A 企业的 VI 识别系统手册目录效果

项目 9

综合应用 1——户外广告设计与制作

项目导读

户外广告是在建筑物外表面或街道、广场、地铁等公共场所设立的霓虹灯、广告牌、展板、海报、店面门头、灯箱广告等,通过在固定的地点长期展示,以提高企业和品牌的知名度。户外广告面向的群体比较多,受到《广告法》的约束,文案、图像素材要符合法律规范。

本项目通过制作户外广告,使读者了解户外广告设计与制作的基础知识,能灵活运用所学知识与技能完成户外广告的制作。

学习目标

- 了解户外广告设计与制作的基础知识。
- 能制作户外广告。
- 激发对数字化产业的兴趣,增强拼搏意识。

项目任务

- 制作公益宣传户外广告。
- 制作汽车展销会展板。
- 制作 X 展架。

任务 1　制作公益宣传户外广告

任务展示

任务分析

单立柱广告塔的户外广告一般分为两面牌及三面牌，适合放置于道路的两侧。考虑到车辆行驶的视觉效果，部分两面牌的牌面会设置成小幅度的角度。三面牌单立柱广告通常放置于交叉路口。由于道路上的车辆行驶速度较快，所以牌面上的广告信息不宜过多，插图不宜过于复杂。常见尺寸有 18m×6m、21m×7m、24m×8m。由于广告尺寸较大，所以设计人员不仅要注意其安全性，还要保证广告内容与视觉设计符合地方市容管理方面的规定。

本任务制作的广告通过对广告词进行立体化效果设计，并采用与背景色形成鲜明对比的颜色来增强视觉冲击力，且易于识记。该广告采用的尺寸是 18m×6m。

本任务主要使用"立体化""变换""变形""混合""渐变填充"等工具和命令来完成。

任务实施

（1）启动 CorelDRAW 2021，单击"新建"按钮新建文档，在属性栏中设置纸张宽度为 1800cm、高度为 600cm。

（2）选择"矩形"工具，或按"F6"键，绘制一个与绘图区一样大小的矩形。选择"交互式填充"工具，先单击属性栏中的"渐变填充"按钮，再单击"椭圆形渐变填充"按钮，在渐变控制线上双击，增加两个颜色滑块，从左到右设置颜色滑块的颜色分别为（C：0；M：0；Y：0；K：0）、（C：0；M：0；Y：100；K：0）、（C：0；M：60；Y：100；K：0）、（C：0；M：100；Y：100；K：0），效果如图 9-1 所示。

（3）选择"钢笔"工具，在绘图区中分别单击 3 个节点，双击第一个节点结束三角形绘制。选择"交互式填充"工具，单击属性栏中的"线性渐变填充"按钮，填充三角形为渐变色，设置渐变填充控制线的颜色滑块从上到下为（C：0；M：60，Y：100；K：0）、（C：0；M：0；Y：0；K：0），效果如图 9-2 所示。

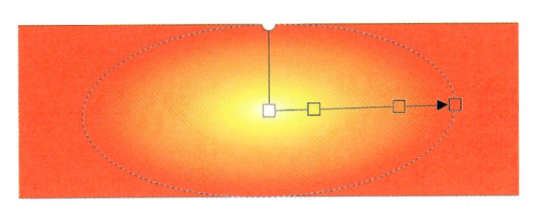

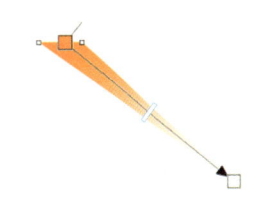

图 9-1　椭圆形渐变填充效果　　　　　　　　图 9-2　三角形线性渐变填充效果

（4）按快捷键"Alt+F7"，打开"变换"泊坞窗，切换到旋转面板，设置旋转角度为 30°，副本为 11，如图 9-3 所示。双击三角形，拖动旋转中心按钮到下方的节点，单击"变换"泊坞窗中的"应用"按钮，旋转效果如图 9-4 所示。选择所有的三角形，按快捷键"Ctrl+G"进行组合。按快捷键"Ctrl+PgDn"，将其调整至步骤（2）绘制的矩形上方。

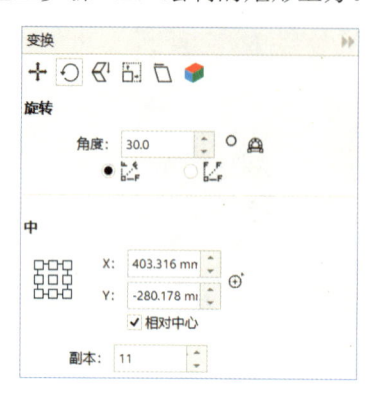

图 9-3 旋转参数设置

图 9-4 "发散光线"效果

（5）执行"对象"→"PowerClip"→"置于图文框内部"命令，当鼠标指针变成黑色箭头形状时，在矩形内单击，完成图片的置入。单击鼠标右键，在弹出的快捷菜单中选择"编辑 PowerClip"命令，调整图片的位置。完成编辑后，单击鼠标右键，在弹出的快捷菜单中选择"完成编辑 PowerClip"命令，效果如图 9-5 所示。

（6）选择"冲击效果"工具，绘制星形图形，设置轮廓宽度为"无"。用鼠标右键单击调色板上的白色色块，将星形图形的颜色设置为白色。按快捷键"Ctrl+PgDn"，将星形图形调整到上述步骤绘制的矩形下方。先执行"对象"→"对齐和分布"→"在页面水平居中"命令，再执行"对象"→"PowerClip"→"置于图文框内部"命令，当鼠标指针变成黑色箭头形状时，在矩形内单击，完成图片的置入，效果如图 9-6 所示。

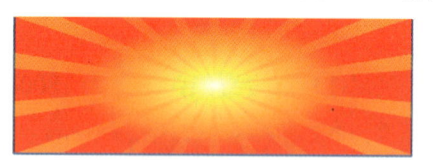

图 9-5 "发散光线"裁剪效果

图 9-6 星形图形裁剪效果

（7）按"F6"键，绘制一个矩形。选择"封套"工具，单击属性栏中的"直线模式"按钮，调整矩形为梯形，设置轮廓色和填充色均为（C：0；M：0；Y：40；K：0）。重复上述操作，再绘制一个梯形，设置轮廓色和填充色均为（C：0；M：40；Y：60；K：20），效果如图 9-7 所示。

（8）选择步骤（7）绘制的第二个梯形，按快捷键"Ctrl+C"和"Ctrl+V"复制一份，调整其大小后，再复制一份，调整位置，效果如图 9-8 所示。选择"混合"工具，设置调和步长为1，单击"直接调和"按钮，绘制一行窗口图形，效果如图 9-9 所示。

（9）复制上述窗口图形，调整大小和位置。选择所有的窗口图形，按快捷键"Ctrl+G"进行组合。选择"封套"工具，单击属性栏中的"直线模式"按钮，调整节点位置，使两侧的控制线与"房子"两侧的线条平行，效果如图 9-10 所示。选择"选择"工具，框选"房子"的所有图形，按快捷键"Ctrl+G"进行组合。

图 9-7 房子外形 　　图 9-8 窗口图形 　　图 9-9 调和效果 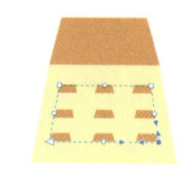　　图 9-10 窗口透视效果

（10）执行"对象"→"PowerClip"→"置于图文框内部"命令，当鼠标指针变成黑色箭头形状时，在矩形内单击，完成图片的置入。单击鼠标右键，在弹出的快捷菜单中选择"编辑 PowerClip"命令，调整图片的位置。按照上述"房子"的绘制步骤，绘制出不同颜色和造型的"房子"，并调整其位置与大小，让其显示出"活泼、有趣"的卡通视觉形象，效果如图 9-11 所示。

（11）选择"椭圆形"工具○，或按"F7"键，绘制一个正圆形，设置轮廓宽度为 10mm，轮廓色为（C：100；M：0；Y：100；K：0），填充色为（C：40；M：0；Y：100；K：0）。选择"变形"工具，单击正圆形的中心，向外拖动鼠标，修改属性栏中的推拉失真振幅为-10，效果如图 9-12 所示。

图 9-11　不同颜色和造型的"房子"效果

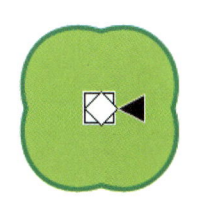

图 9-12　正圆形变形效果

（12）选择"选择"工具，单击步骤（11）中绘制的图形，当拖动图形到合适的位置时，不松开鼠标左键，同时单击鼠标右键，快速复制出一份图形，修改其填充色和轮廓色。选择"选择"工具，单击需要调整的图形，在出现控制点的情况下，拖动控制点，调整图形的大小和位置。单击鼠标右键，在弹出的快捷菜单中选择"完成编辑 PowerClip"命令，效果如图 9-13 所示。

（13）选择"文本"工具字 按"F8"键，设置字体为"微软雅黑，加粗"、字号为 400pt，输入文本"发展新产业 促乡村振兴"，设置无轮廓色，填充色为（C：100；M：100；Y：0；K：0）。选择"立体化"工具，设置属性栏中的参数为　　　　　，单击"立体化颜色"按钮，在弹出的对话框中单击"递减"按钮，设置颜色为从白色到橙色（C：0；M：0；Y：0；K：100）的渐变色，从文本中部向左下方拖出立体化控制线，调整节点位置，如图 9-14 所示。

图 9-13　图形裁剪效果

图 9-14　设置立体化效果

（14）调整广告中各图形的位置与大小。按快捷键"Ctrl+S"，在弹出的对话框中选择保存的位置，输入文件名"公益户外广告"，保存类型为默认的"CDR-CorelDRAW"，单击"保存"按钮，保存制作的源文件。按快捷键"Ctrl+E"，导出 JPG 文件，命名为"公益户外广告.jpg"。

任务2　制作汽车展销会展板

任务展示

任务分析

在汽车展销会上可以见到各种品牌车的展板，消费者可以由此查看汽车制作工艺的发展动向与人工智能时代的智能汽车发展趋势。本任务绘制的效果图采用了左右构图，设计人员通过对文本进行点、线、画组合的排版技巧，增强了主题视觉焦点效果，提升了文本的层次感，并用灵动的曲线与背景插画增强了视觉的科技感。

该展板采用的尺寸是 10m×4m。本任务主要使用"轮廓图""模糊滤镜""替换颜色""混合"等工具和命令来完成。

任务实施

（1）启动 CorelDRAW 2021，单击"新建"按钮 新建文档，在属性栏中设置纸张宽度为 1000cm、高度为 400cm。

（2）制作展板背景。

① 选择"矩形"工具 或按"F6"键，绘制一个与绘图区一样大小的矩形，设置填充色为（C：100；M：100；Y：0；K：0）。用鼠标右键单击标尺，在弹出的快捷菜单中选择"设置准线"命令，设置辅助线水平"60mm，340mm"，垂直"80mm，920mm"。

② 设置页面背景色。为了方便调整展板背景的插图颜色及位置，本任务设置页面背景色为黑色。执行"布局"→"页面背景"命令，设置背景色为"纯色：黑色"。

③ 执行"文件"→"导入"命令或按快捷键"Ctrl+I"，选择要导入的图片"楼房剪影.png"，单击"导入"按钮，调整好图片的位置及大小。选择导入的图片，执行"效果"→"调整"→"替换颜色"命令，在弹出的对话框中单击"原始"颜色处的吸管，吸取图像颜色，设置"新建"颜色处的颜色为（C：40；M：0；Y：0；K：0），其他参数设置如图 9-15 所示。

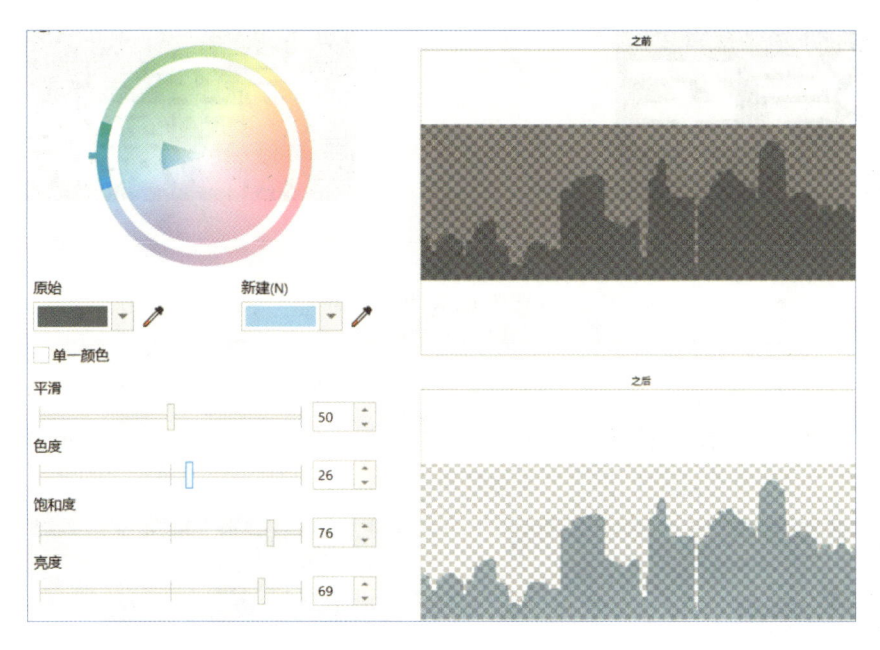

图 9-15　替换颜色参数设置

④ 执行"对象"→"PowerClip"→"置于图文框内部"命令，当鼠标指针变成黑色箭头形状时，在背景矩形内单击，完成图片的置入。单击鼠标右键，在弹出的快捷菜单中选择"编辑 PowerClip"命令，调整图片的大小和位置，效果如图 9-16 所示。在"PowerClip"编辑状态下，按快捷键"Ctrl+I"，选择要导入的图片"光线.png"，单击"导入"按钮，设置属性栏中的旋转角度为 90°。选择"选择"工具，调整图片的大小与位置，效果如图 9-17 所示。

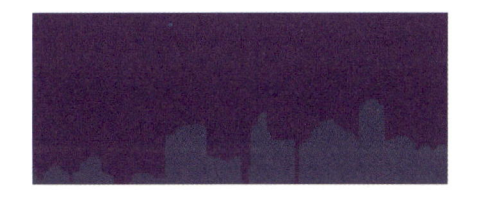

图 9-16　"楼房剪影"裁剪效果

图 9-17　"光线"素材导入效果

⑤ 按快捷键"Ctrl+I"，选择要导入的图片"汽车.png"，单击"导入"按钮，调整图片的大小与位置，效果如图 9-18 所示。完成编辑后，单击鼠标右键，在弹出的快捷菜单中选择"完成编辑 PowerClip"命令。

（3）主题文本排版。

① 按"F8"键，输入文本"汽车"，设置字体为"微软雅黑"、字号为 180pt，轮廓色和填充色均为白色，轮廓宽度为 10px。双击"汽车"文本，拖动倾斜按钮，效果如图 9-19 所示。选择"轮廓图"工具，单击"内部轮廓"按钮，设置轮廓图步长为 1，轮廓图偏移为 0.5mm，轮廓色为（C：40；M：0；Y：0；K：0），效果如图 9-20 所示。使用同样的方法制作"展销会"美术字，调整好大小与位置。选择"选择"工具，框选这几个美术字，按快捷键"Ctrl+G"进行组合，效果如图 9-21 所示。

图 9-18　"汽车"素材导入效果

图 9-19　"汽车"文本倾斜效果

151

图 9-20　倾斜的轮廓字效果 　　　　　　　　图 9-21　"汽车展销会"文本排版效果

② 按"F8"键，输入文本"高端"，设置字体为"微软雅黑"、字号为 100pt，轮廓色和填充色均为白色。双击"高端"文本，拖动倾斜按钮，调整文本的位置，使其底部与"汽车"文本的底部对齐，效果如图 9-22 所示。使用同样的方法，制作装饰性的英文文本，设置字体为"微软雅黑"、字号为 50pt。选择"形状"工具，双击文本，拖动按钮调整字间距。选择"选择"工具，框选所有的文本，按快捷键"Ctrl+G"进行组合，调整到合适的位置，效果如图 9-23 所示。

图 9-22　"高端"文本排版效果 　　　　　　　图 9-23　主题文本排版效果

（4）制作广告词。

① 按"F8"键，输入文本"数智嗨生活"，设置字体为"微软雅黑"、字号为 70pt，轮廓色和填充色均为（C：17；M：0；Y：1；K：0）。按"F7"键，绘制一个宽度、高度均为 45mm 的正圆形，设置轮廓宽度为 10px，轮廓色和填充色均为白色，调整位置与"数"字中心对齐；复制一个正圆形，调整位置与"活"字中心对齐，效果如图 9-24 所示。

② 选择"混合"工具，设置调和步长为 3，单击"直接调和"按钮，单击左侧的圆，拖动鼠标，指向右侧的圆，绘制一组装饰性的圆，如图 9-25 所示，单击"选择"工具，完成制作。

图 9-24　"数智嗨生活"文本排版效果 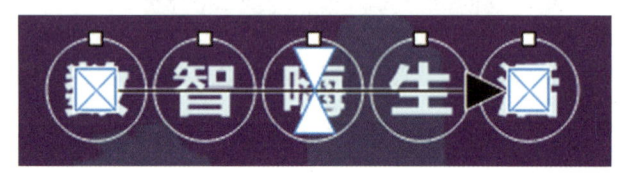　　　　图 9-25　绘制一组装饰性的圆

③ 制作装饰性的英文文本。按"F8"键，设置字体为"微软雅黑"、字号为 20pt，无轮廓色，填充色为（C：17；M：0；Y：1；K：0），输入英文"SHU ZHI HAI SHENG HUO"，使用"形状"工具调整字间距。

（5）按"F8"键，设置字体为"微软雅黑"、字号为 40pt，无轮廓色，填充色为白色，输入文本"活动时间：2028 年 8 月 8 日""活动地点：××广场 A-1 展区"，调整位置，使用"形状"工具调整字间距。选择"选择"工具，框选所有的文本，执行"对象"→"对齐和分布"→"右对齐"命令，效果如图 9-26 所示。

（6）制作装饰性光晕。按"F7"键，绘制一个宽度、高度均为 100mm 的正圆形，无轮廓色，设置填充色为（C：17；M：0；Y：1；K：0）。执行"位图"→"转换为位图"命令。执行"效果"→"模糊"→"高斯模糊"命令，设置半径为 250 像素。执行"效果"→"模糊"→"羽化"命令，设置高斯模糊参数值为 2000。执行"对象"→"PowerClip"→"置于图文框内部"命令，当鼠标指针变成黑色箭头形状时，在背景矩形内单击，完成图片的置入。复制一份，置于"汽车"图像的后方，调整大小与位置，一个光晕在左上角，另一个光晕在车顶，完成编辑，效果如图9-27所示。

图9-26　所有文本排版效果

图9-27　光晕效果

（7）制作装饰性星星图形。选择"星形"工具 ☆，在属性栏中设置边数为4、锐度为53，绘制一个轮廓色和填充色都是白色的宽度为80mm、高度为60mm的星星图形。执行"位图"→"转换为位图"命令。执行"效果"→"模糊"→"高斯模糊"命令，设置半径为50像素，单击"确定"按钮，完成星星图形的绘制。复制多个星星图形，调整其大小与位置。

（8）按快捷键"Ctrl+I"，导入图片"手.png"，单击属性栏中的"位图遮罩"按钮，用吸管吸取背景色，设置隐藏颜色，调整图片大小和位置，最终效果如图9-28所示。

图9-28　汽车展销会展板最终效果

（9）按快捷键"Ctrl+S"，弹出"保存绘图"对话框，选择保存的位置，输入文件名"汽车展销会展板"，保存类型为默认的"CDR-CorelDRAW"，单击"保存"按钮，保存制作的源文件。按快捷键"Ctrl+E"，导出JPG文件，命名为"汽车展销会展板.jpg"。

任务 3　制作 X 展架

任务展示

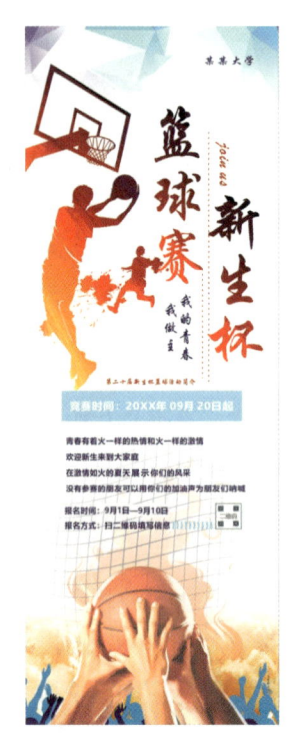

任务分析

常见的展架类型有易拉宝、X 展架等，其优势是方便移动、展示画面大。通常易拉宝要比 X 展架大且牢固。X 展架的常见规格有 160cm×60cm、180cm×80cm、42cm×27cm；（台式）易拉宝的常见规格有 200cm×85cm、200cm×100cm。

本任务制作的 X 展架采用了橙色色调，插画由运动员竞技画面、挥手的人群、云彩、飘带等组成，从视觉上传递出青春、活力四射、拼搏、团结的意境。文案排版层次分明、主题突出，符合 X 展架的布局特点与阅读习惯。

任务实施

（1）启动 CorelDRAW 2021，单击"新建"按钮新建文档，在属性栏中设置纸张宽度为 60cm、高度为 160cm。

（2）制作展架背景。

① 按"F6"键，绘制一个与绘图区一样大小的矩形，设置填充色为白色。

② 按快捷键"Ctrl+I"，选择要导入的图片"背景 1.png""背景 2.png""背景 3.png""传球.png""球架.png""打球.png""球网.png"，单击"导入"按钮，逐个单击，分别导入这几张图片，调整好图片的位置及大小。选择"背景 1"图片，选择"裁剪"工具，裁剪掉多余的内容，效果如图 9-29 所示。

③ 选择"背景 2"图片，按快捷键"Ctrl+Shift+U"，在弹出的对话框中设置饱和度为 -10，单击"确定"按钮，完成饱和度的调整。选择"透明度"工具，依次单击属性栏中的"渐变""线性渐变"按钮，在图片底部单击，向上拖动鼠标，调整透明度控制线及滑块，完成透明度的调整，效果如图 9-30 所示。

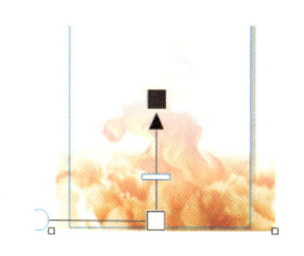

图 9-29　图片裁剪效果　　　　　　　图 9-30　图片饱和度和透明度调整效果

④ 选择"传球"图片，按快捷键"Ctrl+B"，在弹出的对话框中设置亮度为 20，其他参数为 0，单击"确定"按钮，完成亮度的调整，效果如图 9-31 所示。

⑤ 分别选择导入及编辑过的图片，调整其大小、位置、顺序，按快捷键"Ctrl+G"进行组合，效果如图 9-32 所示。

⑥ 选择组合后的图片，执行"对象"→"PowerClip"→"置于图文框内部"命令，当鼠标指针变成黑色箭头形状时，在背景矩形内单击，完成图片的置入。单击鼠标右键，在弹出的快捷菜单中选择"编辑 PowerClip"命令，调整图片的大小和位置，效果如图 9-33 所示。

图 9-31　图片亮度调整效果　　　　图 9-32　图片布局效果　　　　图 9-33　展架背景效果

（3）制作广告主题。

① 按"F8"键，单击属性栏中的"文字竖排"按钮，设置字体为"华文行楷"、字号为 400pt，分别输入美术字"新生杯""篮球赛"，调整文本的位置。按快捷键"Ctrl+I"，导入"主题文字背景"图片，按快捷键"Ctrl+C"和"Ctrl+V"复制一份，效果如图 9-34 所示。

② 制作图片填充的艺术字。选择"主题文字背景"图片，执行"对象"→"PowerClip"→"置于图文框内部"命令，当鼠标指针变成黑色箭头形状时，在"新生杯""篮球赛"文字内单击，完成图片的置入，效果如图 9-35 所示。

③ 制作装饰曲线。选择"贝塞尔"工具，设置轮廓宽度为 20px，线型为点虚线，绘制一条曲线，按快捷键"Ctrl+C"和"Ctrl+V"复制一份，调整高度与位置，效果如图 9-36 所示。

④ 制作装饰性文字。按"F8"键，单击属性栏中的"文字竖排"按钮，设置字体为"华文行楷"、字号为 100pt，分别输入文本"join us""我的青春 我做主"，分别设置颜色为（C：38；M：100；Y：100；K：4）、（C：96；M：96；Y：27；K：0），调整其大小与位置，效果如图 9-37 所示。

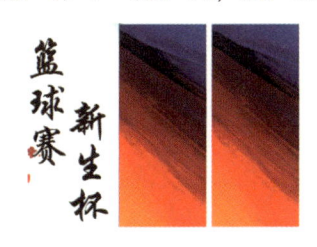

图 9-34　文字与背景效果　　图 9-35　图片填充的艺术字效果　　图 9-36　装饰曲线效果　　图 9-37　装饰性文字效果

(4)制作活动宣传文字。

① 按"F8"键,单击属性栏中的"文字横排"按钮,设置字体为"微软雅黑"、字号为50pt,输入文本"第二十届新生杯篮球活动简介",设置颜色为(C:38;M:100;Y:100;K:4),执行"对象"→"对齐和分布"→"在页面水平居中"命令。

② 按"F6"键,绘制一个宽度为43mm、高度为7mm的矩形,设置填充色为(C:40;M:0;Y:0;K:0)。按"F8"键,输入文本"竞赛时间:20××年09月20日起",设置颜色为白色。选择该步骤制作的矩形和文本,执行"对象"→"对齐和分布"→"水平居中对齐"和"垂直居中对齐"命令,效果如图9-38所示。

③ 按"F8"键,输入其他文案信息,使用"选择"工具调整其大小与位置,设置颜色为(C:96;M:96;Y:27;K:0),使用"形状"工具调整行间距,效果如图9-39所示。

图9-38 活动宣传文字效果(1)　　　　图9-39 活动宣传文字效果(2)

④ 选择"常见的形状"工具,单击属性栏中的"常用形状"折叠按钮,在弹出的形状列表中选择形状,设置填充色为(C:40;M:0;Y:0;K:0),如图9-40所示。

⑤ 绘制箭头,然后将其拖动至合适的位置,在不松开鼠标左键的同时单击鼠标右键,快速复制出一个箭头。选择"混合"工具,设置调和步长为8,绘制一排箭头,效果如图9-41所示。按快捷键"Ctrl+I",导入"二维码"素材,调整图片的大小与位置,效果如图9-42所示。

图9-40 选择箭头形状　　图9-41 一排箭头效果　　图9-42 活动宣传文字效果(3)

(5)制作活动承办方信息。按"F8"键,输入文本"某某大学",设置字体为"微软雅黑",颜色为(C:96;M:96;Y:27;K:0),调整其大小与位置。

(6)按快捷键"Ctrl+S",保存制作的源文件。按快捷键"Ctrl+E",导出JPG文件。

项目总结

立柱户外广告、展板、展架是常见的户外广告类型。读者通过任务分析与任务实施,了解了户外广告设计与制作的基础知识,能够综合运用各类工具与命令制作户外广告,提升了图片编辑、图文混排、制作主题文本艺术效果等能力。

拓展练习

（1）制作房地产促销灯箱广告，效果如图 9-43 所示。

图 9-43　房地产促销灯箱广告效果

（2）制作开业促销宣传展板，效果如图 9-44 所示。

（3）制作夏季清仓展架，尺寸是 1600mm×600mm，效果如图 9-45 所示。

图 9-44　开业促销宣传展板效果

图 9-45　夏季清仓展架效果

（4）为学校书法社团设计与制作招新活动宣传展架。

项目 10

综合应用 2——包装设计与制作

项目导读

包装是品牌理念、产品特性、消费心理的综合反映，它直接影响消费者的购买欲望。一款优秀的包装设计是包装造型设计、结构设计、装潢设计三者的有机统一，不仅涉及技术和艺术两大学术领域，还在各自领域内涉及许多其他相关学科。在进行包装设计时，设计构图、商标、图形、文字和色彩的运用要准确、适当、美观，包装上的元素要体现产品的特点，包装的效果要足以吸引消费者的眼球。本项目将介绍包装设计与制作的基本知识，并综合运用所学工具和命令来制作 4 个包装作品。

学习目标

- 能表述常见的包装作品类型及其特点。
- 能制作简单的包装作品。
- 培养严谨细致、精益求精的学习和工作态度。

项目任务

- 制作牛奶屋顶盒包装。
- 制作易拉罐包装。
- 制作手提袋包装。
- 制作化妆品盒包装。

项目实施

任务 1　制作牛奶屋顶盒包装

任务展示

任务分析

屋顶盒也叫新鲜屋，是一种纸塑复合包装。其屋顶形的纸盒采用的是多层复合膜，外层采用的是塑膜，中间层采用的是纤维，里层采用的是铝箔。屋顶盒的印刷精美，比较适合灌装营养价值高及口味新鲜的鲜奶、花色奶、酸奶及乳酸菌饮品等产品。本任务制作的包装作品以绿色为主色调，突出牛奶生态无污染的品质；采用了卡通"动漫牛"的形象，符合儿童的审美倾向，能够激发消费者的购买欲望。

本任务主要使用"矩形""钢笔""文本""透明度""模糊滤镜""轮廓图"等工具和命令来完成。

任务实施

（1）启动 CorelDRAW 2021，单击"新建"按钮 新建文档，设置页面方向为纵向，页面大小为"A5"，名称为"牛奶包装"，原色模式为"CMYK"，如图 10-1 所示。执行"查看"→"增强"命令，把视图模式设置为增强模式。

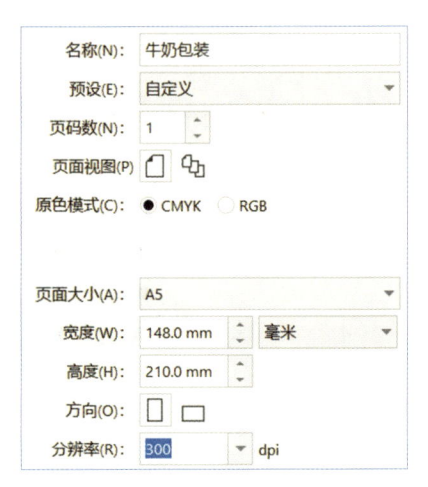

图 10-1　文档参数设置

（2）绘制屋顶盒造型。

① 执行"查看"→"贴齐"→"对象"命令或按快捷键"Alt+Z"，选择"矩形"工具 或按"F6"

键，绘制一个宽度为 75mm、高度为 98mm 的矩形，设置轮廓宽度为"细线"。双击窗口右下角的"轮廓笔"按钮，在弹出的对话框中设置颜色为（C：87；M：53；Y：71；K：14），如图 10-2 所示。

② 按"F6"键，绘制一个宽度为 35mm、高度为 98mm 的矩形。双击矩形，向上拖动控制点，调整矩形形状，效果如图 10-3 所示。

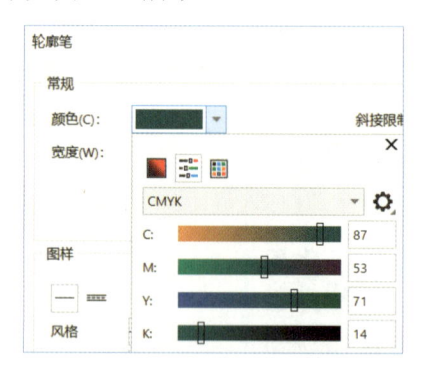

图 10-2　轮廓颜色设置　　　　　　图 10-3　矩形绘制效果

③ 选择"选择"工具，单击左侧的矩形，选择"封套"工具，单击属性栏中的"直线模式"按钮，单击右下角的节点，向上拖动调整位置。使用同样的方法，选择"封套"工具，单击右侧矩形左上角的节点，向下拖动调整位置，效果如图 10-4 所示。

④ 按"F6"键，绘制一个矩形。双击矩形，向右侧"斜切"操作，选择"封套"工具，单击"直线模式"按钮，将矩形的右上角节点向左侧微调，效果如图 10-5 所示。

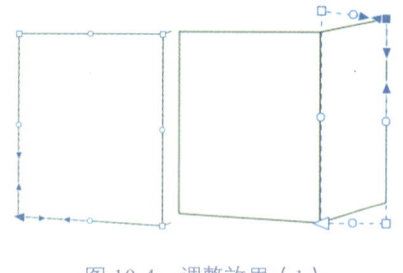

图 10-4　调整效果（1） 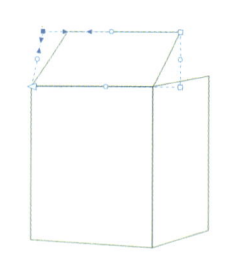　　　　　　图 10-5　调整效果（2）

⑤ 绘制封口部分。按"F6"键，绘制一个矩形，效果如图 10-6 所示。选择"钢笔"工具，逐个单击三角形的节点，回到第一个节点双击，完成绘制，效果如图 10-7 所示。

⑥ 选择"选择"工具，框选上部的图形，设置填充色为（C：40；M：0；Y：40；K：0），效果如图 10-8 所示。

⑦ 选择右侧图形，设置填充色为（C：87；M：53；Y：71；K：14），效果如图 10-9 所示。

图 10-6　绘制矩形 　　图 10-7　绘制三角形 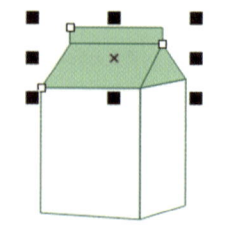　　图 10-8　填充效果（1） 　　图 10-9　填充效果（2）

⑧ 在完成牛奶包装模板的制作后，可另存为"包装模板.cdr"，以便在今后设计相关作品时能直接打开编辑，提高工作效率。

(3）制作包装正面广告。

① 选择"钢笔"工具，绘制曲线，设置填充色和轮廓色均为（C：40；M：0；Y：40；K：0），效果如图 10-10 所示。

② 执行"文件"→"导入"命令或按快捷键"Ctrl+I"，导入素材"动漫牛.png"，调整其大小与位置，效果如图 10-11 所示。

③ 绘制阴影。选择"椭圆形"工具，或按"F6"键，绘制一个椭圆形，设置填充色和轮廓色均为（C：87；M：53；Y：71；K：14）。执行"位图"→"转换为位图"命令，将其转换为位图。执行"效果"→"模糊"→"高斯模糊"命令，在弹出的对话框中设置半径为 20，效果如图 10-12 所示。

图 10-10　曲线效果　　　　　图 10-11　"动漫牛"导入效果　　　　　图 10-12　椭圆形模糊效果

④ 调整对象的叠放顺序。执行"窗口"→"泊坞窗"→"对象"命令，在弹出"对象"泊坞窗中选择"动漫牛.png"，将其拖动到椭圆形阴影即"位图"对象的上方，如图 10-13 所示，绘图区中的阴影效果如图 10-14 所示。

⑤ 选择"文本"工具，或按"F8"键，设置字体为"华文琥珀"，输入文本"萌牛纯牛奶"，设置填充色为（C：87；M：53；Y：71；K：14），轮廓色为（C：40；M：0；Y：40；K：0），轮廓宽度为"细线"。

⑥ 选择"轮廓图"工具，单击"外部轮廓"按钮，设置轮廓图步长为 1，轮廓图偏移为 2mm，制作轮廓字，如图 10-15 所示。

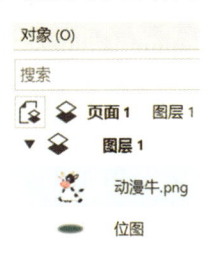

图 10-13　对象顺序　　　　　图 10-14　阴影效果　　　　　图 10-15　制作轮廓字

⑦ 按快捷键"Ctrl+K"或执行"对象"→"拆分轮廓图"命令，选择拆分出来的"轮廓图"对象，设置轮廓宽度为 2pt，轮廓色为（C：40；M：0；Y：40；K：0），效果如图 10-16 所示。

⑧ 按"F8"键，设置字体为"华文宋体"、字号为 6pt，输入文本"滴滴浓香陪伴成长"，设置轮廓色和填充色均为（C：87；M：53；Y：71；K：14）。选择"形状"工具，向右拖动 按钮增加字间距，效果如图 10-17 所示。

⑨ 选择"封套"工具，单击"单弧线模式"按钮，调整节点，使文本向上形成弧形，效果如图 10-18 所示。

图 10-16　轮廓字效果　　　　　图 10-17　增加字间距效果　　　　　图 10-18　弧形效果

⑩ 调整各图形、文本的大小与位置，完成包装正面广告的制作。

（4）读者可以依据所学知识与技能，设计该包装的侧面、背面。

（5）按快捷键"Ctrl+S"，弹出"保存绘图"对话框，选择保存的位置，输入文件名"牛奶屋顶盒包装"，保存类型为默认的"CDR-CorelDRAW"，单击"保存"按钮，保存制作的源文件。按快捷键"Ctrl+E"，导出 JPG 文件，命名为"牛奶屋顶盒包装.jpg"。

任务 2　制作易拉罐包装

任务展示

任务分析

易拉罐有几种常用的尺寸规格，如容量为 355mL 的，其直径为 67.7mm，高度为 124.7mm；容量为 500mL 的，其直径为 65mm，高度为 170mm；容量为 355mL 的，其直径为 65mm，高度为 125mm；容量为 330mL 的，其直径为 65mm，高度为 120mm；容量为 250mL 的，其直径为 54mm，高度为 135mm 等。

本任务制作的包装作品以咖啡色为主色调，插画与文案布局合理，色彩协调，着重展现产品的光影、色彩，在视觉上实现"锦上添花"的效果。在绘制图形和编辑图片时，设计人员需要对产品有一定的了解。所有的物体都是由球体、方体、圆柱体、圆锥体等几何形状组成的，因此，我们在绘图或精修产品图时，要养成分析的习惯，把产品分解成"小单位"，将明暗变化与对体、面的理解结合起来，就能生动地表现出物体的立体感。

本任务主要使用"矩形""椭圆形""钢笔""网状填充""模糊滤镜""轮廓图""封套"等工具和命令来完成。

任务实施

（1）启动 CorelDRAW 2021，按快捷键"Ctrl+N"新建文档，在属性栏中设置"自定义"纸张宽度为 400mm、高度为 200mm。

（2）绘制易拉罐。

① 按"F6"键，属性栏中的参数设置如图 10-19 所示，绘制一个宽度为 65mm、高度为 170mm 的矩形。按"F7"键，分别绘制两个宽度为 58mm 和高度为 16mm、宽度为 65mm 和高度为 16mm 的椭圆形。调整所有图形的位置。选择这组图形，执行"对象"→"对齐和分布"→"水平对齐"命令。将两个椭圆形分别复制一份，调整其位置，用于后续制作易拉罐的底部曲线，效果如图 10-20 所示。

② 绘制易拉罐的"主体"和"底部"。选择左侧的 3 个图形，单击属性栏中的"焊接"按钮；选择右侧的两个图形，单击属性栏中的"修剪"按钮，并将上方的椭圆形移出，效果如图 10-21 所示。

图 10-19　矩形参数设置　　　　图 10-20　外形基础　　图 10-21　焊接与修剪效果

③ 制作装饰曲线。将焊接后的图形复制 3 份，移动其中两个图形，使这两个图形水平居中，上下放置。选择这两个图形，单击属性栏中的"移除前面对象"按钮，修剪前后效果如图 10-22 所示。对修剪后的图形设置无轮廓色，填充色为（C：64；M：81；Y：100；K51）。对上一步骤焊接好的图形设置轮廓色为（C：64；M：81；Y：100；K：51），填充色为（C：37；M：64；Y：87；K：38），对上一步骤修剪出的"底部"图形设置轮廓色和填充色均为（C：0；M：0；Y：0；K：40），效果如图 10-23 所示。

④ 选中上一步骤制作的装饰曲线，选择"网状填充"工具，设置行数与列数均为 7，分别选择左二列和右二列节点，设置颜色为（C：37；M：64；Y：87；K：38），效果如图 10-24 所示。

图 10-22　修剪前后效果　　　图 10-23　装饰曲线效果　　　图 10-24　网状填充效果（1）

⑤ 使用同样的方法，选择焊接后的"主体"图形，选择"网状填充"工具，设置行数与列数均为 7，分别选择左二列和右二列节点，设置颜色为（C：0；M：40；Y：60；K：20），效果如图 10-25 所示。

⑥ 使用同样的方法，对"底部"曲线进行网状填充，设置行数与列数均为 7，分别选择左二列和右二列节点，设置颜色为白色，效果如图 10-26 所示。

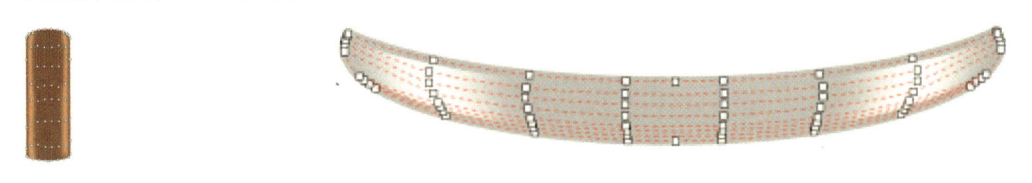

图 10-25　主体效果　　　　　　　　　图 10-26　底部效果

⑦ 调整上述曲线的位置，效果如图 10-27 所示。

⑧ 对前面绘制的宽度为 65mm、高度为 16mm 的椭圆形设置轮廓色为 10%的黑色，填充色为 30%的灰色，按快捷键"Ctrl+Shift+Q"，把轮廓线转换成对象。将该对象移离椭圆曲线，选择"阴影"工具，设置颜色为黑色，透明度为 21%，羽化为 15，单击上中部分向下拖动，如图 10-28 所示。

图 10-27　主体和底部效果　　　　　　图 10-28　阴影设置

⑨ 选择上述分离了轮廓线的曲线，选择"网状填充"工具，设置行数和列数均为5，将曲线左、右两端的节点设置为70%的黑色，将左二、左五列及部分节点设置为10%的黑色，如图10-29中红色圈着的节点，填充效果如图10-29所示。

⑩ 按"F7"键，绘制一个宽度为52mm、高度为12mm的椭圆形，设置轮廓色和填充色均为10%的黑色，调整其位置，调整前两个步骤绘制的曲线，顶部效果如图10-30所示。

⑪ 按快捷键"Ctrl+I"，导入素材"拉环.png"，调整其位置，效果如图10-31所示。

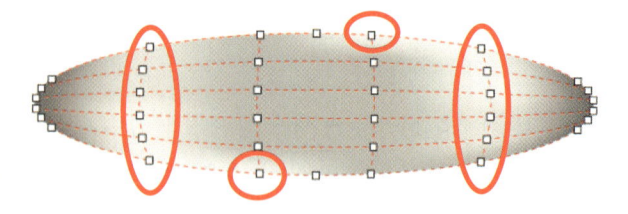

图10-29 网状填充效果（2）　　图10-30 顶部效果　　图10-31 导入拉环效果

⑫ 按快捷键"Ctrl+S"，选择保存的位置，输入文件名"易拉罐模板.cdr"。按快捷键"Ctrl+Shift+S"，另存为"易拉罐广告.cdr"。

（3）制作咖啡广告。

① 按"F7"键，绘制一个宽度、高度均为50mm的正圆形，设置轮廓宽度为20px，轮廓色为白色，填充色为（C：37；M：64；Y：87；K：38）。按住"Shift"键，同时拖动对角的控制点到宽度、高度均为45mm，单击鼠标右键，完成同心圆的绘制，设置其轮廓宽度为5px，轮廓色为白色，填充色为（C：1；M：41；Y：61；K：20）。

② 按"F6"键，绘制一个圆角半径为4mm的圆角矩形，设置轮廓色和填充色均为（C：6；M：17；Y：56；K：0），效果如图10-32所示。

③ 按"F8"键，输入美术字"卡奇咖啡"，设置字体为"微软雅黑"，字号为23pt，轮廓色和填充色均为白色，效果如图10-33所示。

④ 按快捷键"Ctrl+I"，导入"幼苗""咖啡杯""咖啡艺术字"素材，调整其大小和位置，效果如图10-34所示。

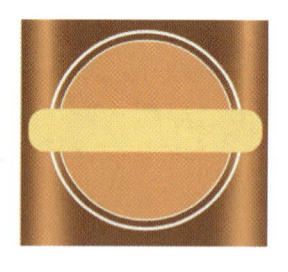

图10-32 圆角矩形效果　　图10-33 文本效果　　图10-34 导入素材效果

⑤ 选择"咖啡艺术字"图片，执行"效果"→"调整"→"色度/饱和度/亮度"命令，在弹出的对话框中设置饱和度为20，单击"确定"按钮，效果如图10-35所示。

⑥ 制作"咖啡艺术字"图片的阴影效果。选择"手绘"工具，设置轮廓宽度为5px，沿着下边线绘制一条黑色的曲线，效果如图10-36所示。执行"效果"→"模糊"→"高斯模糊"命令，设置参数为5。选择"透明度"工具，单击属性栏中的"均匀透明度"按钮，设置透明度为50%，调整其顺序到"咖啡艺术字"图片的下方，效果如图10-37所示。

图 10-35　调整饱和度效果　　　　　图 10-36　绘制黑色曲线　　　　　　图 10-37　图片阴影效果

⑦ 复制一份美术字"卡奇咖啡"，调整其位置，将下方的文字轮廓色与填充色均设置为（C：0；M：40；Y：60；K：20），效果如图 10-38 所示。

⑧ 选择"选择"工具，框选步骤（3）中制作的所有对象，按快捷键"Ctrl+G"进行组合。执行"位图"→"转换为位图"命令。选择"封套"工具，在属性栏中单击"单弧线模式"按钮，调整位图的 4 个节点，如图 10-39 所示。单击空白处，完成位图形状调整，使其产生曲面效果，如图 10-40 所示。

图 10-38　文本阴影效果　　　　　　图 10-39　封套变形（1）　　　　　　图 10-40　曲面效果

⑨ 按"F8"键，输入美术字"原醇香浓"，设置字体为"微软雅黑"，字号为 23pt，轮廓色和填充色均为白色。按快捷键"Ctrl+I"，导入"树叶"素材，调整其大小及位置。制作的广告词效果如图 10-41 所示。

⑩ 将上一步骤中的文本与图片选中，按快捷键"Ctrl+G"进行组合。执行"位图"→"转换为位图"命令。选择"封套"工具，在属性栏中单击"单弧线模式"按钮，调整位图的 4 个节点，如图 10-42 所示，制作立体的曲面效果。

（4）检查整体效果，调整细节，完成制作，最终效果如图 10-43 所示。按快捷键"Ctrl+S"，在弹出的对话框中选择保存的位置，保存类型为默认的"CDR-CorelDRAW"，保存制作的源文件。按快捷键"Ctrl+E"，导出 JPG 文件。

图 10-41　广告词效果　　　　　　图 10-42　封套变形（2）　　　　　图 10-43　易拉罐包装最终效果

任务3 制作手提袋包装

任务展示

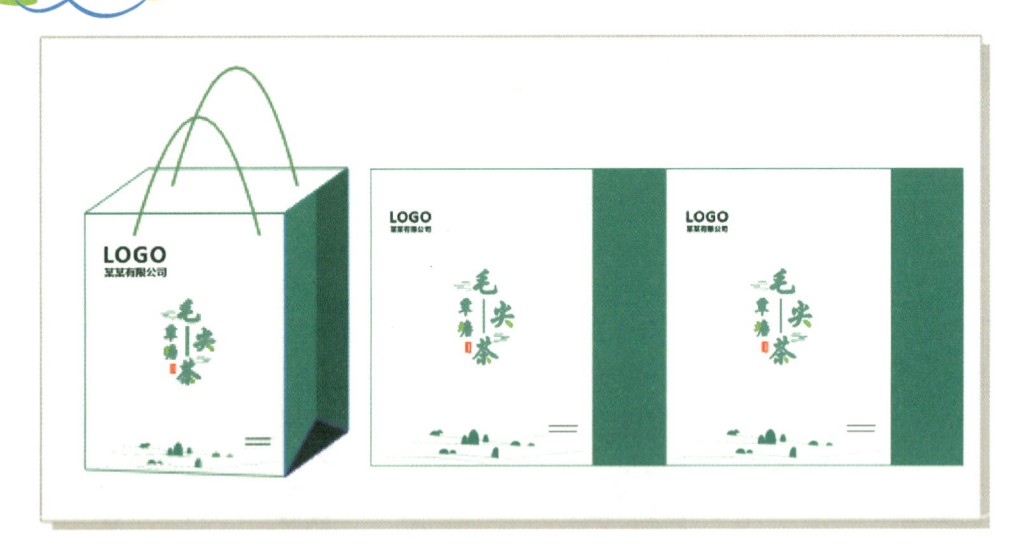

任务分析

企业产品的手提袋是视觉流动传达产品形象的媒介之一，发挥着促销、传播、展示等作用。因此，企业产品的手提袋设计应符合企业的经营理念或产品的特性等。

覃塘毛尖茶是广西壮族自治区贵港市覃塘区的特产，获全国农产品地理标志。手提袋的主色调采用绿色，主题鲜明，整体设计简洁大方，图案设计采用了"田边""茶树""茶叶"等元素，表达了产品的特性，能够让消费者记忆深刻。

本任务主要使用"矩形""文本""3点曲线""钢笔""智能填充""轮廓图""渐变填充"等工具和命令来完成。

任务实施

（1）按快捷键"Ctrl+N"，新建文档，在属性栏中设置"自定义"纸张宽度为300mm、高度为400mm。

（2）制作手提袋基础造型。

① 按"F6"键，绘制一个高度为163mm、宽度为127mm的矩形，设置填充色为白色，轮廓色为（C：100；M：0；Y：0；K：0），作为手提袋的正面。

② 在上述矩形右侧再绘制一个高度为163mm、宽度为40mm的小矩形，设置填充色为（C：75；M：21；Y：55；K：0）。选择"选择"工具，两次单击矩形，当控制点变为斜切形状时，调整矩形的形状，作为手提袋的侧面，如图10-44所示。

③ 在上述矩形的上方再绘制一个矩形，与上述调整方法相同，调整矩形的形状，设置轮廓宽度为"细线"，轮廓色为（C：100；M：0；Y：0；K：0），作为手提袋的开口，如图10-45所示。

④ 选择"封套"工具，单击"直线模式"按钮，单击正面的右下角节点，拖动节点向上微调，效果如图10-46所示。使用同样的方法把手提袋的3个矩形曲线调整好，从而产生透视效果。

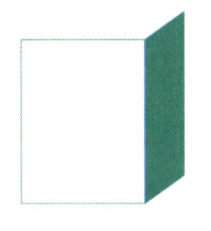

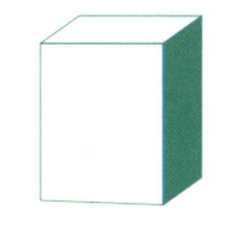

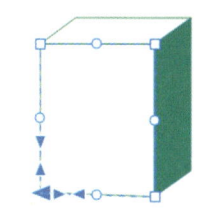

图 10-44　绘制手提袋的正面、侧面矩形　　　图 10-45　绘制手提袋的开口　　　图 10-46　封套变形

⑤ 在手提袋的侧面矩形上绘制明暗效果。选择"钢笔"工具，在右侧的矩形上绘制一个梯形，设置填充色为（C：84；M：37；Y：67；K：0），效果如图 10-47 所示。再次选择"钢笔"工具，在右侧的矩形下部绘制一个三角形，设置轮廓宽度为"细线"，轮廓色和填充色均为（C：95；M：55；Y：82；K：22），效果如图 10-48 所示。

⑥ 选择"3 点曲线"工具，按住鼠标左键不放，拖动到手提绳两点的宽度位置，释放鼠标左键，移动鼠标指针到手提绳合适的高度处单击，设置轮廓宽度为 2mm，轮廓色为（C：60；M：0；Y：60；K：0），效果如图 10-49 所示。

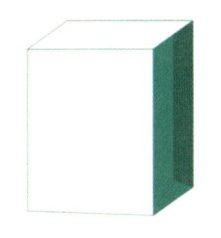

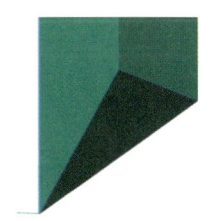

图 10-47　绘制梯形　　　图 10-48　绘制底部三角形阴影　　　图 10-49　绘制手提绳

⑦ 复制绘制好的手提绳，调整手提绳的位置，完成手提袋造型的制作，如图 10-50 所示。按快捷键"Ctrl+S"，在弹出的对话框中选择保存的位置，输入文件名"手提袋模板"，保存类型为默认的"CDR-CorelDRAW"。按快捷键"Ctrl+Shift+S"，选择另存的位置，输入文件名"手提袋"。

⑧ 选择"选择"工具，框选所有的对象，按快捷键"Ctrl+G"进行组合。双击"对象"泊坞窗中新群组的对象名，进入"重命名"编辑状态，修改其名称为"手提袋模板"，效果如图 10-51 所示。

（3）制作正面广告。

① 按"F8"键，单击合适的位置，在手提袋的正面分别输入字体为"华文行楷"的 5 个字，其中"毛""尖""茶"字的字号为 50pt，"覃""塘"字的字号为 30pt，设置轮廓色和填充色均为（C：60；M：0；Y：40；K：20），调整位置，使得 5 个字如同在一片"叶子"的范围内，效果如图 10-52 所示。

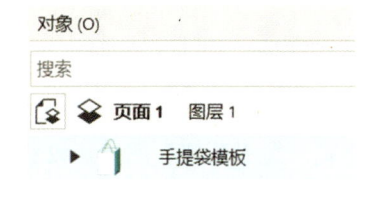

图 10-50　手提袋造型　　　图 10-51　对象重命名　　　图 10-52　主题文本效果

② 按"F8"键，输入字母"QIN TANG MAO JIAN CHA"，单击属性栏中的"文字竖排"按钮，设置轮廓色和填充色均为（C：60；M：0；Y：40；K：20）。选择"形状"工具，缩小字间距，效果如图 10-53 所示。选择"选择"工具，将字母文本放置于前一步骤制作的 5 个字中间，效果如图 10-54 所示。

③ 按快捷键"Ctrl+I"，导入素材"祥云.png""印章背景.png"，调整其大小。选择"祥云"图片，按快捷键"Ctrl+C"和"Ctrl+V"复制一份，调整其位置，效果如图 10-55 所示。

图 10-53　字母文本效果　　　　图 10-54　调整后的主题文本效果　　　　图 10-55　导入素材效果

④ 按"F8"键，在"印章背景"图片上输入文本"名茶"，设置文本方向为垂直方向，字体为"华文行楷"，字号为 6pt，填充色和轮廓色均为白色，调整文本位置，完成印章的制作，效果如图 10-56 所示。

⑤ 选择"智能填充"工具，设置填充色和轮廓色，颜色参数设置如图 10-57 所示。分别单击"尖""茶"字的右下方笔画，单击"塘"字的左侧笔画，绘制出和所单击的笔画一样的曲线，效果如图 10-58 所示。

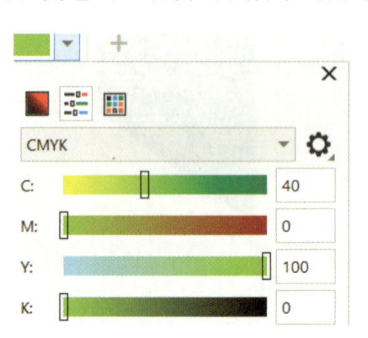

图 10-56　印章效果　　　　图 10-57　颜色参数设置　　　　图 10-58　智能填充效果

⑥ 按"F7"键，绘制两个椭圆形，叠放位置如图 10-59 所示。单击属性栏中的"修剪"按钮，删除多余的曲线。选择"选择"工具，选择"修剪"出来的曲线，调整其大小和形状，设置无轮廓色，填充色为（C：75；M：21；Y：55；K：0），效果如图 10-60 所示。

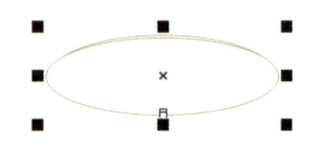

图 10-59　两个椭圆形的叠放位置　　　　图 10-60　绘制绿色曲线

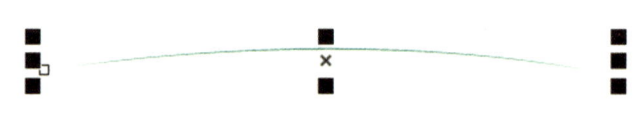

⑦ 使用同样的方法，绘制一组"茶田"曲线。也可以将上述步骤绘制出来的曲线复制多份，然后使用"选择"工具和"形状"工具编辑曲线，调整好大小和位置，效果如图 10-61 所示。

⑧ 选择"钢笔"工具，绘制一组"茶树"图形，设置无轮廓色，填充色为（C：75；M：21；Y：55；K：0），效果如图 10-62 所示。

图 10-61　"茶田"效果　　　　图 10-62　"茶树"效果

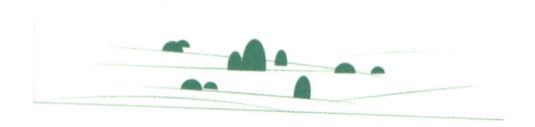

⑨ 按 "F8" 键，单击合适的位置，设置字体为 "微软雅黑"，输入文本，设置无轮廓色，填充色为（C：95；M：55；Y：82；K：22），并调整大小，效果如图 10-63 所示。将其放置于手提袋正面的左上角。

⑩ 按 "F8" 键，单击合适的位置，设置字体为 "微软雅黑"，输入文本，设置无轮廓色，填充色为（C：95；M：55；Y：82；K：22），并调整大小，效果如图 10-64 所示。将其放置于手提袋正面的右下角。

图 10-63　企业名称效果

图 10-64　联系信息效果

⑪ 调整手提袋正面所有文本和图形的位置与大小，完成正面广告的绘制，效果如图 10-65 所示。

（4）绘制手提袋展开平面效果图。

① 按 "F6" 键，绘制一个高度为 163mm、宽度为 127mm 的矩形，设置填充色为白色，轮廓色为（C：100；M：0；Y：0；K：0），作为手提袋的正面。

② 在上述矩形右侧再绘制一个高度为 163mm、宽度为 40mm 的小矩形，设置轮廓色和填充色均为（C：75；M：21；Y：55；K：0）。选择 "选择" 工具，框选手提袋 "正面广告" 中的文本和图形，复制一份，置于合适的位置，效果如图 10-66 所示。选择 "选择" 工具，框选这两个步骤绘制的所有图形和文本，按快捷键 "Ctrl+G" 进行组合，复制一份，调整好位置，完成手提袋展开平面效果图的绘制，如图 10-67 所示。

图 10-65　正面广告效果

图 10-66　平面效果图左侧

图 10-67　手提袋展开平面效果图

（5）按快捷键 "Ctrl+S"，保存文件。按快捷键 "Ctrl+E"，导出 JPG 文件，命名为 "手提袋包装效果图.jpg"。

任务4　制作化妆品盒包装

任务展示

任务分析

包装是用来包装产品的盒子，其功能包括保证运输中产品的安全、提升产品的档次等。包装设计要考虑消费者的心理活动，充分体现产品的性能与特点，采用新材料、新工艺、新图案、新形状，给消费者一种新感觉。

雪肌水感透白雪颜亮肤液是一款深受女性消费者喜爱的护肤品。该产品含草本配方，外包装以青花瓷中的青色为主色调，配合简单的花瓣线条，展现古典、大气之风，通过青花瓷元素的二次创作，融入现代审美观念，吸引消费者的注意力。

本任务主要使用"透明度""钢笔""矩形""变换""模糊滤镜"等工具和命令来完成。

任务实施

（1）启动 CorelDRAW 2021，按快捷键"Ctrl+N"新建文档，在属性栏中设置"自定义"纸张宽度为160mm、高度为180mm。

（2）设置辅助线。执行"工具"→"选项"命令，选择辅助线，将水平辅助线设置为5、15、45、135、165、175、180，将垂直辅助线设置为5、15、55、85、125、155、160。

（3）选择"矩形"工具▢或按"F6"键，贴齐辅助线，依次绘制矩形，并设置部分矩形的圆角半径为15mm，填充色为白色，效果如图10-68所示。

（4）选择水平方向的第二个矩形，执行复制操作，改变矩形尺寸为38mm×88mm，设置其圆角半径为2mm，填充色为（C：98；M：78；Y：0；K：0），效果如图10-69所示。

图 10-68 绘制矩形　　　　　　　　　图 10-69 复制矩形

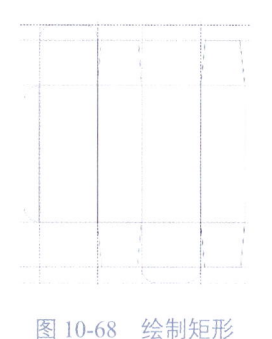

（5）选择"2 点线"工具，绘制一条直线，设置轮廓宽度为 0.95mm，颜色为（C：98；M：78；Y：0；K：0）；再次选择"2 点线"工具，在直线的上方绘制一条斜线，与第一条直线的轮廓宽度和颜色相同，并复制 3 条，调整好位置，效果如图 10-70 所示。选择所绘制的线条，按快捷键"Ctrl+G"进行组合；调整组合后对象的中心点到最左端，设置"变换"泊坞窗中的参数，如图 10-71 所示，得到的雪花效果如图 10-72 所示。

图 10-70 直线图　　　图 10-71 "变换"泊坞窗参数设置（1）　　　图 10-72 雪花效果

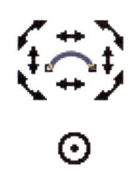

（6）按"F7"键，单击属性栏中的"弧"按钮，设置角度为 ，调整圆弧的中心，如图 10-73 所示；使用上述方法复制得到闭合圆弧效果，如图 10-74 所示。将雪花形状放置在圆弧内，完成雪肌标志的绘制，效果如图 10-75 所示。

图 10-73 绘制弧线　　　　图 10-74 闭合圆弧效果　　　　图 10-75 雪肌标志效果

（7）把雪肌标志放置在包装盒内，改变轮廓色为白色，调整其位置与大小，效果如图 10-76 所示。

（8）按"F8"键，单击合适的位置，输入文本"雪肌"，设置字体为"方正姚体"、字号为 23pt；输入文本"水感透白雪颜亮肤液"，设置字体为"楷体"、字号为 8pt；输入文本"|瓷感透白 饱满丰盈|"，设置字体为"楷体"、字号为 4pt；设置所有的文字颜色为白色，效果如图 10-77 所示。

（9）选择"钢笔"工具，绘制一个不规则图形，填充红色，执行"位图"→"转换为位图"命令。执行"效果"→"模糊"→"高斯模糊"命令，在弹出的对话框中设置参数为 3。按"F8"键，在不规则图形上方输入文本"草本"，设置字体为"华文琥珀"、字号为 6pt、颜色为白色，并调整文本在图形中的位置，效果如图 10-78 所示。

图 10-76　调整雪肌标志　　　　　　图 10-77　文本效果　　　　　　图 10-78　草本标志效果

（10）按"F7"键，以参考线的中心为圆心，绘制一个正圆形；选择"2 点线"工具，绘制一条直线，设置轮廓宽度为"细线"，颜色为（C：98；M：78；Y：0；K：0）；调整直线的中心点到最左边，打开"变换"泊坞窗，复制旋转 30°，得到另一条直线；选择"钢笔"工具，在两条直线之间绘制一段圆弧，如图 10-79 所示。

（11）删除圆，对剩下的形状填充白色；复制一个完成的形状，将其缩小，填充颜色（C：98；M：78；Y：0；K：0）；选择"常见的形状"工具，在其中选择水滴形状，绘制一个小水滴形状，填充白色，调整小水滴的大小及位置；对所绘制的图形执行组合操作，效果如图 10-80 所示。

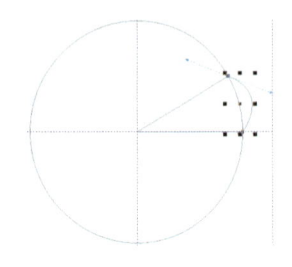

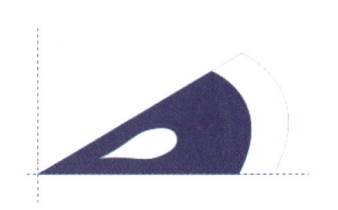

图 10-79　绘制圆弧　　　　　　　　　　　　　图 10-80　添加小水滴形状

（12）调整组合后对象的中心点到圆的中心位置，打开"变换"泊坞窗，参数设置如图 10-81 所示，得到"花瓣 1"图形，效果如图 10-82 所示。

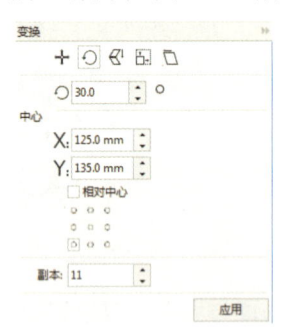

图 10-81　"变换"泊坞窗参数设置（2）　　　　　　图 10-82　"花瓣 1"效果

（13）选择"常见的形状"工具，在其中选择水滴形状，绘制一个水滴形状，设置轮廓色为白色，填充色为（C：98；M：78；Y：0；K：0），调整其位置；复制一个完成的水滴形状，将其缩小；对所绘制的图形执行组合操作，效果如图 10-83 所示。

（14）调整组合后对象的中心点到参考线交叉位置，打开"变换"泊坞窗，操作方法如步骤（12），得到的效果如图 10-84 所示。在小水滴花瓣图形内部绘制一个正圆形，设置轮廓色为白色；复制一个正圆形，将其缩小，得到"花瓣 2"图形，效果如图 10-85 所示。

图 10-83　水滴效果　　　　　图 10-84　小水滴花瓣效果　　　　　图 10-85　"花瓣 2"效果

小技巧

将多个图形进行组合，可以简化后续的操作，修改时也很方便。

（15）把"花瓣 1"和"花瓣 2"图形放置在包装盒矩形下方；复制这两个图形，调整其大小，效果如图 10-86 所示。

（16）按快捷键"Ctrl+I"，导入素材"线条.cdr"，改变线条颜色为白色，调整线条的位置；复制调整好的线条，放置在另一边；按快捷键"Ctrl+G"，将所有花瓣和线条组合成"装饰 1"图形，效果如图 10-87 所示。

图 10-86　"花瓣 1"和"花瓣 2"布局效果　　　　　图 10-87　"装饰 1"效果

（17）使用步骤（4）中的方法，依次绘制包装盒内部的矩形，效果如图 10-88 所示。

（18）选择水平方向的第三个矩形，复制 4 个"装饰 1"图形到矩形中，调整其位置，效果如图 10-89 所示。

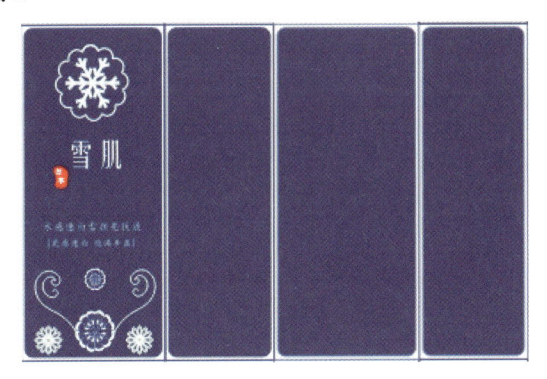

图 10-88　包装盒内部的矩形效果　　　　　图 10-89　添加装饰图形

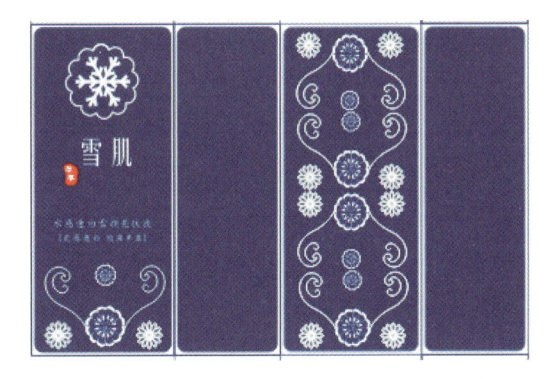

（19）选择"文本"工具**字**，在水平方向的第二个矩形内输入文本，设置字体为"楷体"、字号为 5pt、颜色为白色；选择"形状"工具，调整行间距，如图 10-90 所示。使用同样的方法，输入文本"净含量：100mL"，设置字体为"楷体"、字号为 8pt、颜色为白色，居中对齐。

（20）使用相同的方法，在水平方向的第四个矩形内输入文本，设置字体为"楷体"、字号为 5pt、颜色为白色，效果如图 10-91 所示。

（21）执行"对象"→"插入条形码"命令，输入条形码字符"A6930620170552A"，把条形码放置在

173

包装盒下方，效果如图 10-92 所示。至此，包装盒的平面展开效果绘制完成。

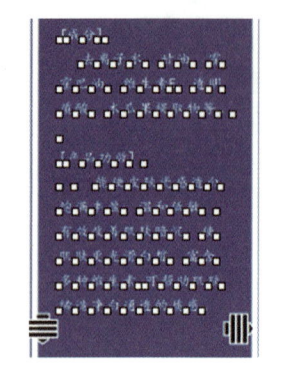

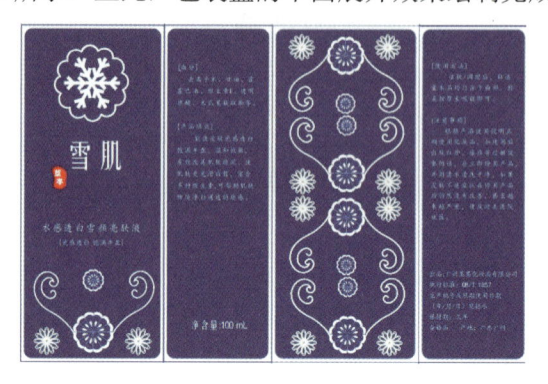

图 10-90　输入并设置文本　　　图 10-91　文本排版效果　　　图 10-92　条形码效果

（22）单击"添加页面"按钮＋，将两个页面分别重命名为"包装平面效果图""包装立体效果图"。

（23）选择包装盒左侧的两个面，复制一份到页面"包装立体效果图"中。选择"选择"工具，将这两个面中的对象全部选中，按快捷键"Ctrl+G"进行组合。选择"选择"工具，双击矩形，先斜切，再选择"封套"工具，单击"直线模式"按钮，调整节点，如图 10-93 所示。

（24）使用相同的方法，制作侧面，效果如图 10-94 所示。

（25）选择"钢笔"工具，绘制包装盒的顶部，设置其颜色为（C：98；M：78；Y：0；K：0），完成包装立体效果图的制作，如图 10-95 所示。

图 10-93　调整节点　　　图 10-94　侧面效果　　　图 10-95　包装立体效果图

（26）按快捷键"Ctrl+S"，在弹出的对话框中选择保存的位置，输入文件名"雪肌包装盒"，保存类型为默认的"CDR-CorelDRAW"，单击"保存"按钮，保存制作的源文件。按快捷键"Ctrl+E"，导出 JPG 文件，命名为"雪肌包装盒.jpg"。

项目总结

　　包装因产品或物品的多样性而具备了外观形式多样化的特点，因材料的新工艺、新技术等因素不断更新而变化着。在日常生活中，人们常见的包装形式有屋顶盒、手提袋、饮料包装、包装盒等。在进行包装设计前，设计人员要做好充分的调查与分析，要使包装上的元素能够体现产品的特点，包装的效果能够吸引消费者的眼球，让消费者产生消费心理，同时包装的尺寸设计要符合产品的尺寸及包装的制作工艺要求。

这些都需要设计人员有着认真严谨、精益求精的工作态度。

本项目学习了包装的基础知识，包装制作主要用到了基本图形绘制、图形编辑、图文混排等相关的工具和命令，能够提升读者的作品绘制与编辑能力。

拓展练习

（1）制作手提袋，效果如图 10-96 所示。

图 10-96　手提袋效果

（2）制作月饼盒，效果如图 10-97 所示。

图 10-97　月饼盒效果

（3）打开素材"包装模板.cdr"，学习包装的绘制，设计与绘制饮料包装，效果如图 10-98 所示。

图 10-98　饮料包装效果

项目 11

综合应用 3——VI 系统设计与制作

项目导读

VI（Visual Identity）通译为视觉识别，是企业形象识别系统（Corporate Identity System，CIS）中最具传播力和感染力的部分。对于一家现代企业而言，没有 VI 就意味着它的形象可能会被淹没在商海中，让人辨别不清，同时意味着它的产品与服务个性化程度低，消费者对它喜爱较少。设计科学、实施有利的视觉识别是传播企业经营理念、树立企业知名度、塑造企业形象的快捷途径。

本项目通过制作风火物流有限公司的 VI，介绍了企业 VI 设计的基础知识。VI 一般包括基础部分和应用部分两大内容。其中，基础部分一般包括企业的名称、标志、标识、标准字体、标准色、辅助图形、标准印刷字体和禁用规则等；而应用部分则一般包括标牌旗帜、办公用品、公关用品、环境设计、办公服装和专用车辆等。

学习目标

- 能表述 VI 设计的要素及基本原则。
- 能制作 VI 系统。
- 能根据企业的特点及需求，设计企业 VI。
- 增强企业形象认知，提升服务意识，培养精益求精的工匠精神。

项目任务

- 制作 VI 基础部分。
- 制作 VI 应用部分。

知识技能

1. "平行度量"工具

选择"平行度量"工具，在物体的一点上按住鼠标左键，拖动至另一点并单击，即可绘制倾斜的度量线。其属性栏如图 11-1 所示。

图 11-1 "平行度量"工具属性栏

属性栏中主要选项的含义如下。
（1）"度量样式"：用于选择度量线的样式。
（2）"度量精度"：用于选择度量线测量的精确度。
（3）"度量单位"：用于选择度量线测量的单位。
（4）"显示单位"：用于在度量线文本中显示测量单位。
（5）"显示前导零"：当值小于 1 时，在度量线测量中将显示前导零。
（6）"文本位置"：依照度量线定位度量线文本。
（7）"延伸线选项"：自定义度量线上的延伸线。

2. "水平或垂直度量"工具

使用"水平或垂直度量"工具可以绘制水平或垂直的度量线，其用法与"平行度量"工具的用法相似。

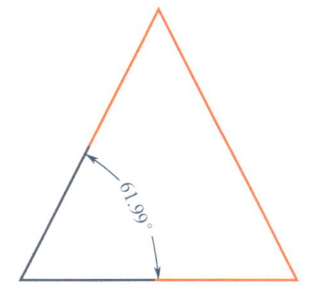

3. "角度量"工具

使用"角度量"工具可以轻松地绘制角度量线。例如，选择"角度量"工具，在三角形的一角上单击，按住鼠标左键沿着角的一条边拖动到一定的位置，释放鼠标左键，在角的另一条边上单击，即可绘制角的度量线，效果如图 11-2 所示。

图 11-2 绘制角度量线

4. "线段度量"工具

"线段度量"工具用于显示单条或多条线段上结束节点间的距离。与"水平或垂直度量"工具和"平行度量"工具相比，它只能对线段进行度量，线段以外的对象均不能使用该工具。

5. "2 边标注"工具

选择"2 边标注"工具，在需要标注的图形中单击，接着拖动标注线到图形外单击，然后输入标注的文字，即可完成标注。其属性栏如图 11-3 所示。

图 11-3 "2 边标注"工具属性栏

属性栏中主要选项的含义如下。
（1）"标注形状"：用于选择标注文本的形状，如方形、圆形或三角形。
（2）"间隙"：用于设置文本和标注形状之间的距离。
（3）"轮廓宽度"：用于设置对象的轮廓宽度。

（4）"起始箭头" ◀▼：用于在线条起始端添加箭头。

（5）"线条样式" ————▼：用于选择线条或轮廓样式。

项目实施

任务 1 制作 VI 基础部分

任务展示

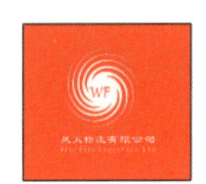

任务分析

在制作公司名片时，设计人员应先根据公司的名称和特点，设计出公司的标志。本任务制作的标志类似于风火轮的形状，形容物流的速度如风一样快速；以红色为主色调，具有活力、辉煌和奋发向上的含义，代表公司红红火火的发展前景；以白色、橙色为辅助色，绘制辅助图形，可以在不同的场合中使用。在此套 VI 系统中采用的是统一模板，在模板上、下位置处放置公司的标志和填充公司主色调，在每页的右下角放置页码标识，所有的图形都放置在中间，整体构图和谐，画面简洁大方。

本任务主要使用"星形""变形""文本""钢笔"等工具和命令来完成。

任务实施

1. 制作企业标志

（1）启动 CorelDRAW 2021，按快捷键"Ctrl+N"新建文档，在属性栏中设置纸张方向为纵向，纸张大小为 A4。

（2）选择"星形"工具 ☆，在属性栏中设置边数为 8、锐度为 50，如图 11-4 所示；按住"Ctrl"键，绘制一个星形图形，效果如图 11-5 所示。

图 11-4 绘制星形图形参数设置

（3）选择"变形"工具 ☼，在属性栏中设置星形图形调和为扭曲变形，逆时针旋转，完整旋转 1 次，参数设置如图 11-6 所示，调和效果如图 11-7 所示。

图 11-5　星形图形效果

图 11-6　星形图形调和参数设置

（4）为制作完成的标志填充红色（C：0；M：100；Y：100；K：0），设置轮廓宽度为"无"；在标志下方输入文字"风火物流有限公司"，设置字体为"宋体"，设置与标志相同的颜色；输入字母"WF"，设置字体为"Algerian"，颜色为白色，把它放置在标志的中间，得到一个完整的标志，效果如图 11-8 所示。

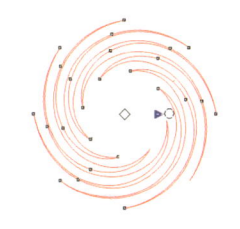

图 11-7　星形图形调和效果

图 11-8　物流公司标志效果

2．制作 VI 模板

（1）按快捷键"Ctrl+N"新建文档，在属性栏中设置纸张方向为纵向，纸张大小为 A4。按"F6"键，绘制一个与绘图区一样大小的矩形，填充白色，设置轮廓宽度为"无"，并锁定白色矩形。

（2）按"F6"键，设置贴齐页面，在页面上方绘制一个 210mm×30mm 的矩形，填充红色，设置轮廓宽度为"无"。选择"钢笔"工具，在矩形右侧绘制一个不规则的形状，设置填充色为（C：0；M：19；Y：44；K：0），轮廓宽度为"细线"，轮廓色与填充色一致。在矩形右侧放置公司标志，调整标志的大小，并改变标志的填充色为白色，效果如图 11-9 所示。

图 11-9　模板上方效果

（3）复制完成的矩形，并放置在页面的下方，执行水平翻转操作，设置高度为 15mm，效果如图 11-10 所示。模板页面整体效果如图 11-11 所示。

图 11-10　模板下方效果

图 11-11　模板页面整体效果

3. 制作标志线稿

（1）在模板页面标签处单击鼠标右键，在弹出的快捷菜单中选择"再制页面"命令，得到页面 2，重命名为"标志线稿"。

（2）按"D"键，绘制一个行数和列数均为 10 的网格，把公司标志放置在网格中间，把标志和文字改为只有轮廓而没有填充色的线稿形式，效果如图 11-12 所示。

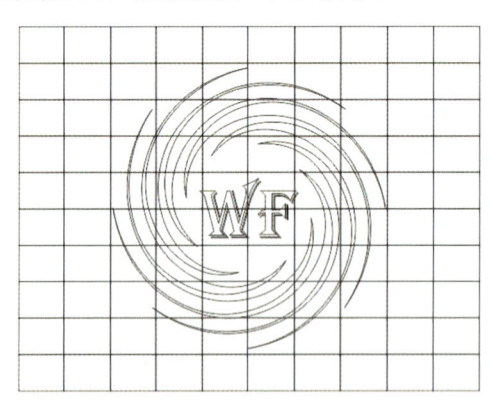

图 11-12　标志线稿效果

4. 制作标志的中文标准字体和中英文组合体

（1）在模板页面标签处单击鼠标右键，在弹出的快捷菜单中选择"再制页面"命令，得到页面 3，重命名为"标准字体"。

（2）按"F8"键，在页面中输入文本"中文标准字体"作为引导文字。

（3）再次输入文本"风火物流有限公司"，设置字体为"宋体"，作为公司的中文标准字体，如图 11-13 所示。

（4）但是，只有一种中文标准字体是不够用的，这里规定了两种中文标准字体。复制刚才的文字，把字体更改为"隶书"，如图 11-14 所示。

图 11-13　中文标准字体（1）　　　　　图 11-14　中文标准字体（2）

（5）把刚才的文字复制一份，制作文字的线稿，方法与标志的线稿制作方法相同，得到的效果如图 11-15 所示。

图 11-15　文字线稿效果

（6）复制标志，按"F8"键，输入文本"风火物流有限公司"，在其下方输入公司的英文名称，调整其位置和大小，完成后的效果如图 11-16 所示。

图 11-16　中英文上下组合体效果

（7）复制标志，在标志右侧使用"钢笔"工具 绘制一条与标志等长的线段，并且更改颜色为红色，在线段右侧输入文本"风火物流有限公司"，在其下方输入公司的英文名称，调整其位置和大小，完成后的效果如图 11-17 所示。

图 11-17　中英文左右组合体效果

（8）使用"水平或垂直度量"工具 为标志与中英文组合体绘制度量线，完成后的效果如图 11-18 所示。

图 11-18　标志与中英文组合体度量效果

5．制作配色方案

（1）在模板页面标签处单击鼠标右键，在弹出的快捷菜单中选择"再制页面"命令，得到页面 4，重命名为"配色方案"。

（2）按"F6"键，绘制一个矩形，设置填充色为白色，把标志和中英文组合体放置在矩形中间，得到一个标准配色方案；复制一次标准配色方案，改变矩形的填充色为红色，标志和字体的颜色为白色，效果如图 11-19 所示。

（3）复制一次标准配色方案，改变矩形的填充色为（C：0；M：19；Y：44；K：0），标志的填充色为（C：0；M：60；Y：100；K：0），字体的颜色为红色，得到一个辅助配色方案；复制一次辅助配色方案，改变标志的填充色为白色，效果如图 11-20 所示。

图 11-19　标准配色方案效果　　　　　　　　图 11-20　辅助配色方案效果

任务 2　制作 VI 应用部分

任务展示

任务分析

在完成本任务时，设计人员从公司的业务角度出发，设计了证件类、办公类、服装类、大众传播类等要素，包括名片、胸牌、信封、信纸、水杯、扇子、户外灯箱广告、路牌广告、档案袋、衣服、运输车车身广告、太阳伞等。

本任务主要使用"矩形""调和""钢笔""椭圆形""置于图文框内部"等工具和命令来完成。

任务实施

1. 制作名片和胸牌

（1）在模板页面标签处单击鼠标右键，在弹出的快捷菜单中选择"再制页面"命令，得到页面 4，重命名为"名片和胸牌"。

（2）按"F6"键，在页面中绘制一个91mm×55mm的矩形，设置圆角半径为1mm，得到一个标准名片的外轮廓后，填充白色，把公司标志放置在名片左侧；选择"钢笔"工具，在标志的右侧绘制一条纵向的红色单线；按"F8"键，输入文本"陈风　总经理　风火物流有限公司""Tel：（028）65783××　Fax：（028）65793××　www.wi××××re.com.cn"，完成名片正面的制作，效果如图11-21所示。

（3）使用相同的方法绘制一个矩形，作为名片的反面；在名片反面的下方再绘制一个与名片等宽的小矩形，设置小矩形下边的圆角半径为1mm，填充红色；按"F8"键，在白色矩形中输入文本"经营范围：国际货运代理；货物进出口（专营专控商品除外）；跨省快递业务；国际快递业务；道路货物运输；省内快递业务等。"，在红色矩形中输入文本"欢迎您的接洽！"，完成名片反面的制作，效果如图11-22所示。

图11-21　名片正面效果　　　　　　　　　　　图11-22　名片反面效果

（4）按"F6"键，在页面上方绘制一个60mm×21mm的矩形，填充红色，设置轮廓宽度为"无"。选择"钢笔"工具，在矩形左侧绘制一个不规则的形状，并填充颜色（C：0；M：19；Y：44；K：0），设置轮廓宽度为"细线"，轮廓色与填充色一致。在矩形左侧放置公司标志，调整标志的大小，并更改标志的填充色为白色，效果如图11-23所示。

（5）按"F8"键，输入文本"陈风　总经理"；选择"阴影"工具，给胸牌矩形添加阴影效果，制作好的胸牌效果如图11-24所示。

图11-23　胸牌矩形效果　　　　　　　　　　　图11-24　胸牌效果

2．制作信封和信纸

（1）按"F6"键，在页面中绘制一个176mm×71mm的矩形，得到一个标准信封的外轮廓后，填充白色，把公司标志及中英文组合体放置在信封的右下方；选择"钢笔"工具，在信封上绘制一条直线，并复制3份，作为书写文字处，效果如图11-25所示。

（2）按"F6"键，在信封的左上角绘制一个小矩形，复制5份，作为书写邮政编码处；再复制6个小矩形，放置在信封的右下角；使用相同的方法，绘制粘贴邮票处，制作好的信封效果如图11-26所示。

图 11-25　矩形、标志和直线组合效果

图 11-26　信封效果

（3）按"F6"键，在页面中绘制一个矩形，作为信纸；使用绘制模板的方法，制作信纸的装饰部分，并放置公司标志和中英文组合体；选择"钢笔"工具，在信纸上绘制一条直线，复制一条直线并放置在信纸的下方；选择"混合"工具，在两条直线中间创建多条直线；在信纸的底部输入文本"第　　页"，制作好的信纸效果如图 11-27 所示。

3．制作水杯

（1）按"F6"键，在页面中绘制一个 47mm×58mm 的矩形，填充白色。选择矩形并单击鼠标右键，在弹出的快捷菜单中选择"转换为曲线"命令，调整矩形下方的两个直角向内收，效果如图 11-28 所示。

（2）按"F6"键，绘制一个 51mm×6mm 的矩形，填充红色；在矩形左侧绘制不规则图形，并填充颜色（C：0；M：19；Y：44；K：0），将矩形和不规则图形组合在一起。

（3）对组合后的对象执行"对象"→"PowerClip"→"置于图文框内部"命令，将其置于水杯底部，在水杯中部放置公司标志，效果如图 11-29 所示。

（4）按"F7"键，在水杯上方绘制一个与水杯口大小一样的椭圆形，并填充线性渐变色，效果如图 11-30 所示。

（5）复制一个水杯，适当旋转其位置，得到两个水杯的最终效果，如图 11-31 所示。

图 11-27　信纸效果

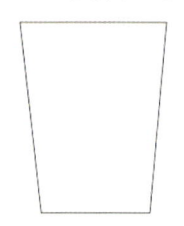

图 11-28　水杯外形　　图 11-29　装饰图形布局效果　　图 11-30　水杯效果　　图 11-31　两个水杯的最终效果

4．制作扇子

（1）按"F7"键，在页面中绘制一个水平居中的椭圆形，并将其转换成曲线，如图 11-32 所示。

（2）选择"形状"工具，向上调整左、右节点以改变椭圆形的形状，如图 11-33 所示。为改变后的形状填充红色，效果如图 11-34 所示。

图 11-32　绘制椭圆形　　　　　图 11-33　椭圆形改变后的形状　　　　　图 11-34　填充效果（1）

（3）按"F7"键，在扇子下方绘制一个填充色为白色的椭圆形，如图 11-35 所示。选择两个椭圆形，执行"相交"命令，相交效果如图 11-36 所示。

（4）按"F6"键，在扇子下方绘制一个填充色为红色的矩形，并将其转换为曲线，把矩形下方的左、右节点向外拖动并调整矩形的下边缘为弧形，得到扇子的把手，如图 11-37 所示。

图 11-35　绘制白色的椭圆形　　　　　图 11-36　相交效果　　　　　图 11-37　绘制扇子的把手

（5）复制 3 个公司标志，放置到扇子中，并调整标志的大小和位置；对最大的标志执行"对象"→"PowerClip"→"置于图文框内部"命令；在把手的位置绘制一个填充色为白色的小正圆形，得到最终的扇子效果，如图 11-38 所示。

（6）复制一次扇子图形，改变配色，效果如图 11-39 所示。

图 11-38　红色扇子效果　　　　　　　　　　图 11-39　橙色扇子效果

5. 制作太阳伞

（1）在页面中分别拖动出一条水平参考线和一条垂直参考线，按"F7"键，同时按住"Ctrl"键和"Shift"键，绘制一个以参考线交点为圆心的正圆形，如图 11-40 所示。

（2）选择"钢笔"工具，绘制一条从圆心到圆的垂直直线，并以圆心为中心，使直线逆时针旋转 15°；再复制直线，并顺时针旋转 30°；选择"钢笔"工具，在两条直线上绘制一条直线，得到一个闭合的三角形，如图 11-41 所示。

（3）删除圆形，然后按"F6"键，在三角形的上方绘制一个矩形，并设置矩形上边的圆角半径为 2mm，如图 11-42 所示。

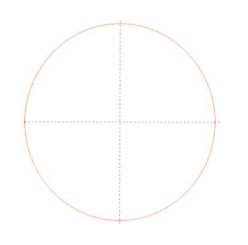

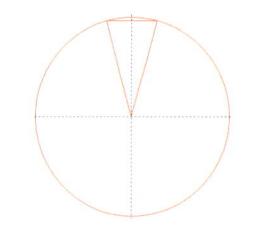

图 11-40 绘制正圆形　　　　图 11-41 绘制三角形　　　　图 11-42 绘制矩形

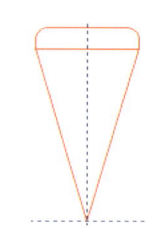

（4）选择"智能填充"工具，为三角形填充红色，为矩形填充颜色（C：0；M：19；Y：44；K：0），设置轮廓宽度为"无"，把公司标志复制到三角形中，效果如图 11-43 所示。

（5）同时选择绘制完成的对象，执行"窗口"→"泊坞窗"→"变换"→"旋转"命令，参数设置如图 11-44 所示。变换后，改变填充色，只保留红色三角形上的标志，得到的太阳伞伞顶视图如图 11-45 所示。

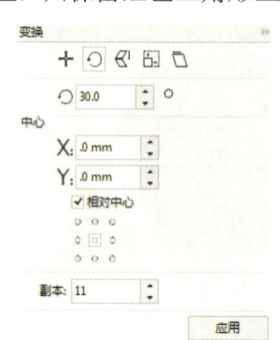

图 11-43 填充效果（2）　　　　图 11-44 变换参数设置　　　　图 11-45 太阳伞伞顶视图

小技巧

使用辅助参考线可以绘制出精确的图形。

（6）按"F7"键，绘制一个椭圆形，填充颜色（C：0；M：19；Y：44；K：0）；按"F6"键，在椭圆形的下方绘制一个矩形；选择两个图形，单击"移去前面对象"按钮，得到的效果如图 11-46 所示。

（7）按"F6"键，在半椭圆形的下方绘制 3 个矩形，设置矩形下边的圆角半径为 3mm，并填充颜色，效果如图 11-47 所示。

图 11-46 移去前面对象效果　　　　图 11-47 绘制 3 个矩形

（8）选择"钢笔"工具，在中间矩形的上方绘制图形，如图 11-48 所示。为图形填充红色，将公司标志放置在其中，如图 11-49 所示。

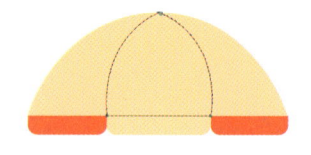

图 11-48 绘制图形　　　　图 11-49 填充并放置标志

（9）按"F6"键，绘制一个矩形，用于支撑太阳伞，设置轮廓宽度为"细线"，轮廓色为 20% 的黑色，

项目11 综合应用3——VI系统设计与制作

设置渐变填充，效果如图11-50所示。

（10）调整矩形对象在太阳伞上的位置，太阳伞最终效果如图11-51所示。

图 11-50　支撑效果

图 11-51　太阳伞最终效果

6．制作户外灯箱广告

（1）按"F6"键，绘制一个矩形，填充40%的黑色作为灯箱广告牌的底座，如图11-52所示。选择"封套"工具，对矩形进行直线封套，效果如图11-53所示。

图 11-52　绘制40%黑色的矩形

图 11-53　封套效果

（2）按"F6"键，在矩形下方绘制一个较窄的矩形，填充黑色作为底座的另一面，完成底座的制作，效果如图11-54所示。

图 11-54　底座效果

（3）按"F6"键，在底座上绘制一个矩形作为广告牌的柱子，给柱子填充渐变色，使柱子有圆形的立体效果，如图11-55所示。把柱子放置在底座上，效果如图11-56所示。

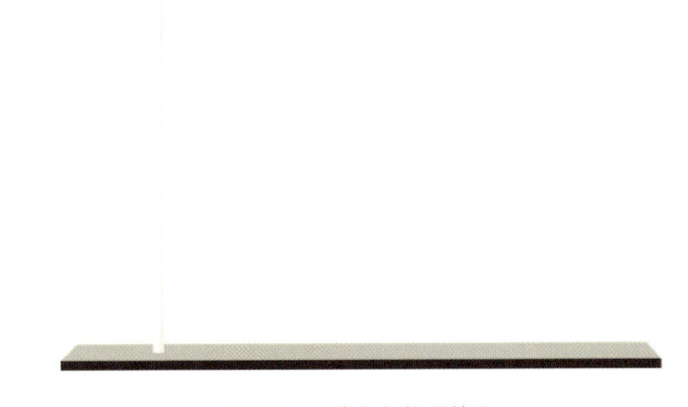

图 11-55　柱子渐变效果

图 11-56　底座加柱子效果

（4）在右边相对的位置复制另一根柱子，在两根柱子之间绘制一个矩形，填充灰色，放置在如图11-57所示的位置。在两根柱子上方绘制一个矩形，复制模板的装饰部分，并执行"对象"→"PowerClip"→"置于图文框内部"命令，把装饰部分放置在矩形内部，效果如图11-58所示。

图 11-57　绘制灰色的矩形

图 11-58　把装饰部分放置在矩形内部效果

（5）在两根柱子和两个矩形之间绘制一个正好合适的矩形，填充从黑色到灰色再到黑色的渐变色，如图 11-59 所示。在渐变后的矩形上绘制另一个矩形，填充渐变色，如图 11-60 所示。

图 11-59　填充渐变（1）

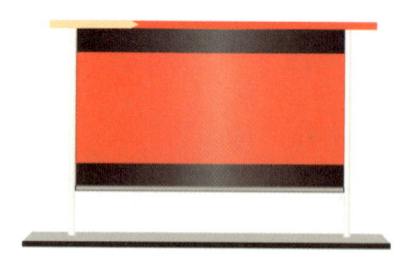

图 11-60　填充渐变（2）

（6）按"F8"键，输入公司广告语"足不出户，物行天下"，设置颜色为（C：0；M：20；Y：100；K：0）。选择"块阴影"工具，设置属性栏中的参数为 1.226 mm　0.0　。复制公司标志到矩形中，并调整其大小和位置，最终效果如图 11-61 所示。

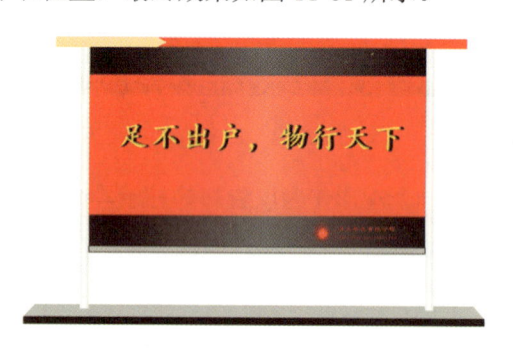

图 11-61　户外灯箱广告最终效果

7．制作路牌广告

（1）按"F6"键，在属性栏中设置圆角半径为 25mm，绘制一个圆角矩形；复制圆角矩形，按住"Shift"键将其向中心等比例缩小，效果如图 11-62 所示。

（2）框选两个圆角矩形，在属性栏中单击"移除前面对象"按钮，得到一个圆角矩形环，填充线性渐变色，效果如图 11-63 所示。

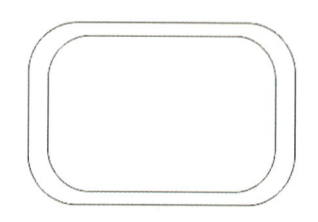

图 11-62　圆角矩形缩放效果

图 11-63　圆角矩形环线性渐变效果

（3）在圆角矩形环的左侧绘制一个矩形，填充80%的黑色，作为挂置路牌的柱子，效果如图11-64所示。

（4）在圆角矩形环和柱子之间绘制一个矩形，填充渐变色，产生连接部分的金属质感，效果如图11-65所示。

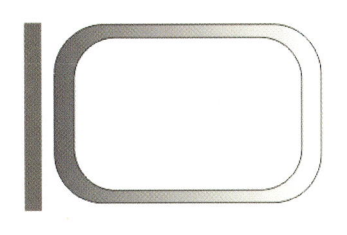

图 11-64　挂置路牌的柱子

图 11-65　路牌外观

（5）在圆角矩形环内绘制一个矩形，该矩形大于内环边缘但小于外环边缘，填充红色，放置在圆角矩形的后面，效果如图11-66所示。

（6）把"户外灯箱广告"中的广告词、公司标志复制到红色矩形中，并调整其大小及位置，最终效果如图11-67所示。

图 11-66　绘制红色矩形

图 11-67　圆角矩形路牌广告最终效果

（7）使用上述类似的方法，绘制一个外观为圆形的路牌广告，最终效果如图11-68所示。

图 11-68　圆形路牌广告最终效果

8. 制作档案袋

（1）按"F6"键，绘制一个80mm×109mm的矩形，填充颜色（C：8；M：9；Y：71；K：0）。使用同样的方法，绘制一个下边是圆角的矩形，在属性栏中设置参数为 ，填充黑色。复制公司标志，调整其位置，效果如图11-69所示。

（2）按"F7"键，绘制两个正圆形，调整其轮廓宽度；选择"钢笔"工具 ，绘制一条曲线；调整所有图形的大小和位置，完成档案袋背面的绘制，效果如图11-70所示。

图 11-69　档案袋背面外观　　　　　　　　　图 11-70　档案袋背面效果

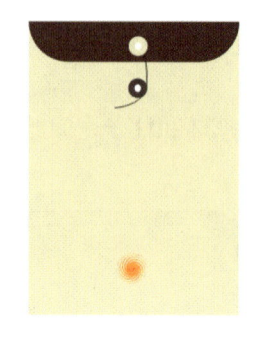

（3）按"F6"键，绘制一个 80mm×109mm 的矩形，填充颜色（C：8；M：9；Y：71；K：0）。复制公司标志，调整其位置。按"F8"键，输入文本"档案袋"，调整其大小与位置，效果如图 11-71 所示。

（4）选择"钢笔"工具，绘制一条直线。按快捷键"Alt+F7"，在弹出的"变换"泊坞窗中切换到位置面板，设置垂直位移数值，副本设置为 4，快捷复制出一组对齐的直线。按"F8"键，输入文本信息，调整文本的大小与位置，完成档案袋正面的绘制，效果如图 11-72 所示。

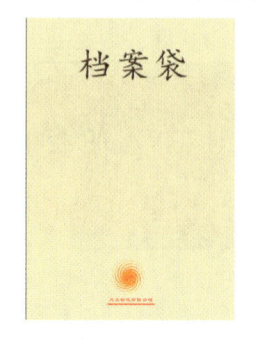

图 11-71　档案袋正面外观　　　　　　　　　图 11-72　档案袋正面效果

9. 绘制衣服

（1）分别选择"矩形"工具和"椭圆形"工具，绘制衣服主体基础图形，如图 11-73 所示。

（2）选择"钢笔"工具，绘制肩膀和衣袖，如图 11-74 所示。

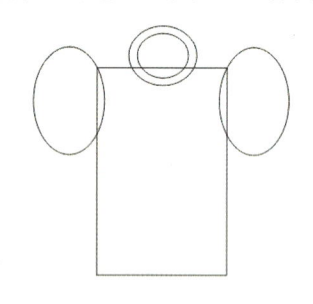

图 11-73　绘制衣服主体基础图形　　　　　　图 11-74　绘制肩膀和衣袖

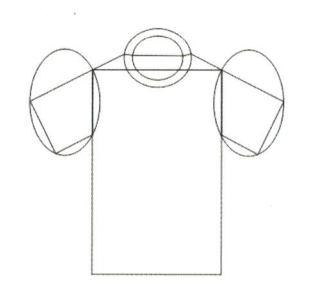

（3）选择衣袖部分的椭圆形和身体部分的矩形，单击属性栏中的"相交"按钮，删除椭圆形；选择衣袖部分的梯形和相交后的图形，单击属性栏中的"焊接"按钮，得到衣袖部分，复制一份，调整位置，效果如图 11-75 所示。

（4）选择肩部的梯形和身体部分的矩形，单击属性栏中的"焊接"按钮。选择头部的两个正圆形，单击"修剪"按钮，删除多余的圆形，得到曲线，效果如图 11-76 所示。选择衣服"身体"曲线和修剪后的曲线，单击"相交"按钮，删除多余的曲线。选择"形状"工具，调整头部的曲线形状。复制公司标志，去掉衣服的轮廓色，最终效果如图 11-77 所示。

（5）复制一份"衣服"图形，分别给衣服和标志更换颜色，最终效果如图 11-78 所示。

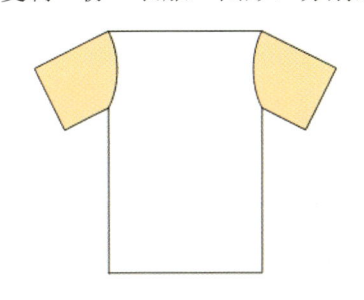

图 11-75　衣袖效果

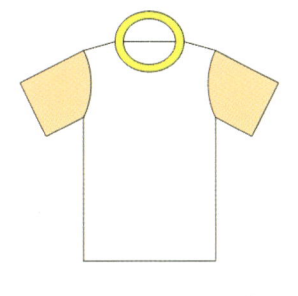

图 11-76　肩膀和衣袖效果

图 11-77　衣服最终效果（1）

图 11-78　衣服最终效果（2）

10. 绘制运输车车身广告

（1）分析运输车的基本结构，使用"矩形""椭圆形""钢笔"等工具绘制汽车简笔画，效果如图 11-79 所示。

（2）绘制图形，填充颜色，复制之前制作的广告词和公司标志，调整其大小和位置，最终效果如图 11-80 所示。

图 11-79　汽车简笔画效果

图 11-80　运输车车身广告最终效果

项目总结

本项目制作了风火物流有限公司 VI 系统的部分要素，VI 使用统一模板，体现了公司的精神风貌，传播了公司的经营理念，塑造了公司的良好形象，各要素风格一致、美观大方。通过项目实施，读者提升了对各种工具使用的熟练度，理解了 VI 系统的设计特点，从而提升了专业技能与职业素养。

拓展练习

（1）依据 VI 系统手册中"遇见花与你"VI 系统的色彩、设计作品注解等要求，设计与制作未完成的 Logo、店面门头、挂旗广告、名片、运输车、胸牌、围裙。

VI 系统的 Logo 及颜色规范要求如图 11-81 所示。VI 系统应用部分的模板素材及设计要求如图 11-82 所示。

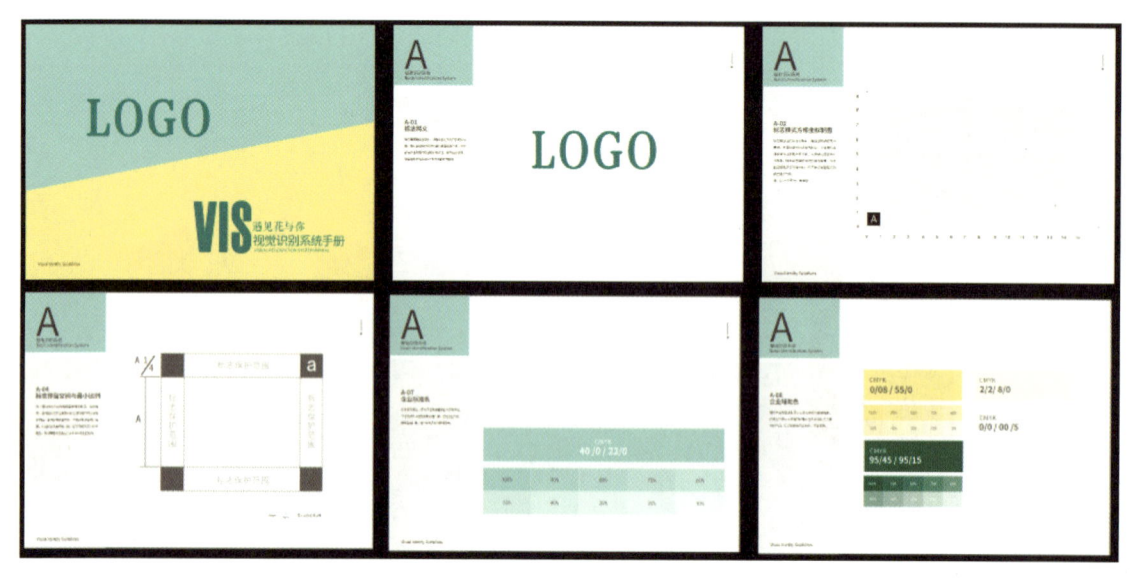

图 11-81　VI 系统的 Logo 及颜色规范要求

图 11-82　VI 系统应用部分的模板素材及设计要求

（2）为一家企业设计 VI 系统，要求体现企业的经营理念，帮助企业塑造良好的形象，提升企业的知名度。